改变心情的发型书

摩天文传◎著

化学工业出版社

·北京·

本书收录了50多款改变心情的超美发型，简单多变，时尚流行。包括卷发、编发的技巧，发饰搭配的选择，美发护发的产品介绍；从简单的刘海、发尾的弧度打造，到搭配脸型的发型要点，甚至不同职业环境的造型特点。让您轻松根据心情变换发型，或者通过改变发型来改变心情。

本书无论是生活中还是工作中，旨在为读者打造能够改变心情，将快乐“从头开始”的完美发型书！

图书在版编目（CIP）数据

改变心情的发型书 / 摩天文传著．—北京：化学工业出版社，2015.5

ISBN 978-7-122-23410-0

Ⅰ．①改…　Ⅱ．①摩…　Ⅲ．①理发－造型设计　Ⅳ．①TS974.21

中国版本图书馆CIP数据核字（2015）第058199号

责任编辑：马冰初　丰华　　　责任设计：摩天文传
责任校对：程晓彤

出版发行：化学工业出版社（北京市东城区青年湖南街13号 邮政编码100011）
印　　装：北京盛通印刷股份有限公司
710mm×1000mm　1/16　印张 10　字数300千字　2015年10月北京第1版第1次印刷

购书咨询：010-64518888（传真 010-64519686）　售后服务：010-64518899
网　　址：http://www.cip.com.cn
凡购买本书，如有缺损质量问题，本社销售中心负责调换。

定　价：38.00元

前言

一款适合自己的完美发型能够为整体造型大大加分，因此女生一定不能对头发应付了事。本书从最基础的护发开始，和您一同打造完美发型！

像爱护肌肤一样呵护秀发

当你每天仔细地清洁面部，使用各种护肤产品的时候，有没有注意到干枯的发尾早已缺失了水分，每天使用的梳子、卷发棒会不会对头发造成伤害？这些护发细节不仅影响头发的健康，也会影响发型的打造。像爱护自己的肌肤一样去呵护头发，健康的梳洗方法，搭配安全的美发产品和工具，拥有真正光泽健康的秀发。

美丽秀发需要细心打造

如果每天早上你还是披散着凌乱的头发去挤地铁，那么请停下来好好看看镜子里的自己，你把美丽弄丢了！当你羡慕杂志上那些造型姣好的模特时，其实更应该检查一下自己的日常打理。首先，将一成不变的发型换掉吧，就算只是刘海也能够造型百变！动一动发尾也同样能够打造更加独特的造型。

爱上发型进阶美发达人

从基本款发型开始，自然大卷的唯美、梨花头的清新、高绑马尾的俏皮可爱，让自己每天都拥有更明朗的造型。杂志上常常出现的发型其实也可以自己打造，较为复杂的复古元素、朋克元素……也都可以轻松完成，只需要和本书一同学习，就能轻松变身美发达人，玩转百变魔发！

本书由最好的女性图书制作团队——摩天文传，倾心为您打造！全面、精致的美丽“魔发书”，从秀发护理到造型搭配，摩天文传和您一同探寻美丽之道。

CONTENTS 目录

CHAPTER 1

必备工具和技巧令你事半功倍

CHAPTER 2

完美的刘海是发型成功的秘诀

CHAPTER 3

不用大动干戈发尾美了就美了

CHAPTER 4

学会基本款发型以不变应百变

CHAPTER 5

发型改变脸型给你新的自己

CHAPTER 6

适合各种职业的定性发型

CHAPTER 7

熟练运用主题发型任何邀约都不怕

CHAPTER 1

必备工具和技巧令你事半功倍

还只用单调的梳子来打理头发吗?
各种神奇的美发小道具让你怦然心动,
精巧的设计,安全的材质,精准的效果,
为你带来全新体验。
美发达人的必备工具,一定要面面俱到哦!

发型打理 & 造型必备的梳子及基本用法

造型梳

用途：造型的辅助用梳

适合：对造型有要求、发质难以打理的人

造型梳的梳齿粗细、排列顺序都经过特别设计，不规则造型、耐用耐热是造型梳的特点。一般而言，最少需要两把梳子，一把是日常用的普通梳子，另一把则是做造型所需的造型梳。

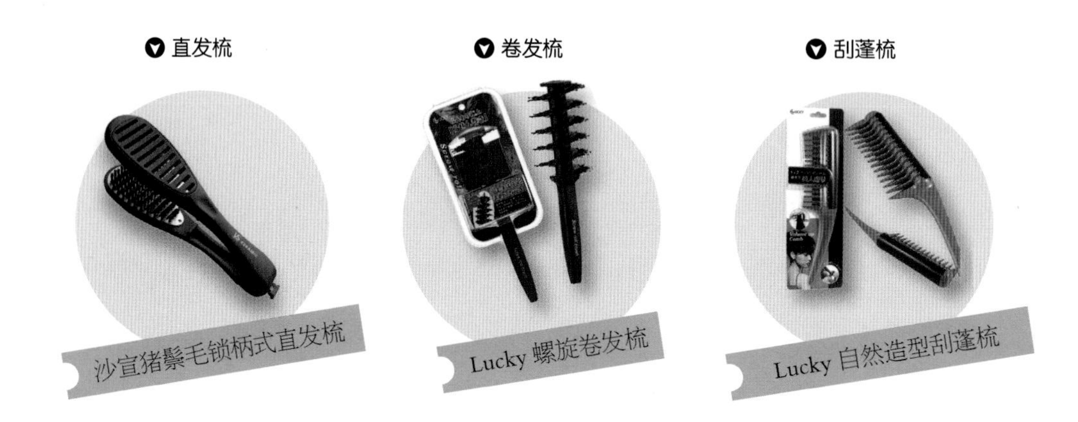

按摩梳

用途：缓解头皮紧张、刺激毛囊再生、疏松发根、丰盈发量

适合：毛囊萎缩、发根垂塌及患神经性脱发的人

按摩梳并不适合梳顺头发，对乱发的抚顺能力很差，但是伸展的梳齿和弹性气垫可以刺激头皮血液循环。另外，不少木制梳齿采用了原生木，梳齿本身就能吸油，有助保持油性发质的健康。按照按摩舒适性来说，木制小针或圆头针的按摩梳是最好的，银针、硅胶针、鬃毛针略差。

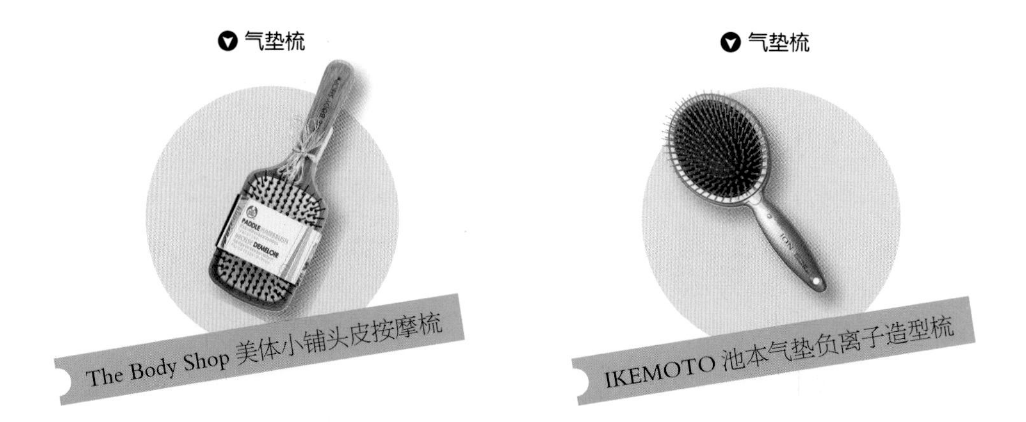

清洁梳

用途：去除头和头发上残留的造型品、粉尘和头皮屑

适合：经常使用定型产品（尤其是直接接触头皮的蓬蓬粉）的人

头发清洁梳常常是细密的针梳加上长形的手柄，利用磁场产生微电流，将头发上的污垢、粉尘用电打掉，长发和头发浓密的人洗头之前使用可事半功倍。而头皮清洁梳是人人可用的，通常采用舒适的硅胶梳齿，配合洗发水，替代人手洗头发，去屑效果较好。

头发清洁梳

KOIZUMI 小泉成器
音波振动磁气美发梳

头皮清洁梳

Twinbird 头皮 SPA 清洁器

护理梳

用途：补充营养、强壮发丝，使头发润泽丰盈

适合：发丝脆弱、发色不良、频繁烫染的发质

护理梳泛指装有营养成分的梳子，随着梳理营养油渗入头发。

常见的护理梳一般都会选择以下成分。

椿油：即山茶油，其油性与人的皮脂相似，能让头发变黑并且有强韧发丝的作用，适合干性发质。

玫瑰精油：能修补分岔现象，柔顺头发，其油性不重，适合所有发质。

橄榄油：重点修复受损头发，滋润头皮和干枯的头发，适合频繁烫染导致严重受损的发质。

玻尿酸：给头发补充水分，迅速抚平毛糙，适合经常使用吹风机和蓄长直发的人。

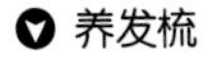

养发梳

IKEMOTO 池本
天然椿油洗头梳

养发梳

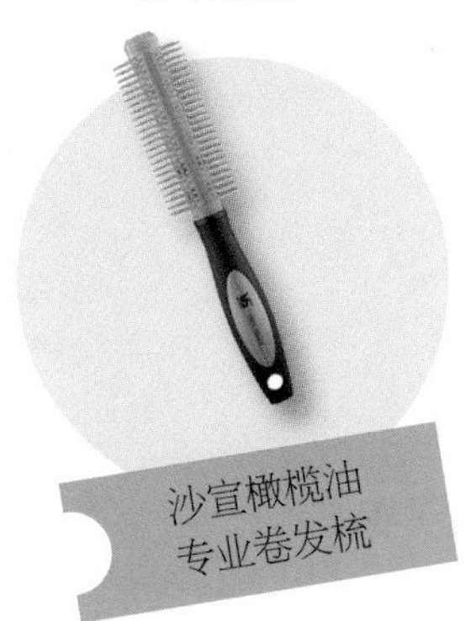

沙宣橄榄油
专业卷发梳

养发梳

IKEMOTO 池本
营养保湿玻尿酸养发梳

正确运用造型工具才能打造完美发型

电卷棒

最常用的 DIY 卷发工具，可根据自己头发的长度和想要的效果选择适合的尺寸直径：头发在脖子下一点，一般用 25mm 或者 28mm；到肩膀下用 28mm；至胸部以下的用 32mm；及腰的长发建议用 38mm 的。

1. 温度选择：电卷棒可以自动调节温度，对于卷发新手，建议从 160℃开始尝试，如果卷出的效果不理想再以每 5℃为一档增加。

2. 负离子功能：为了减轻高温对头发的伤害，很多卷发棒都添加了负离子功能。

3. 可转动手柄式卷棒：在日本极度热销的 AIR × CREATE ION 空气离子烫发器，贴心地设计了可转动的手柄。

4. 电热卷发器：将发卷在通电板上加热后再上卷。一般来说，特大卷（35mm）、大大卷（30mm）通电约需 90 秒，大卷（25mm）通电约需 60 秒。注意，不要用洗剂清或酒精洗发卷，只能用湿布擦拭。

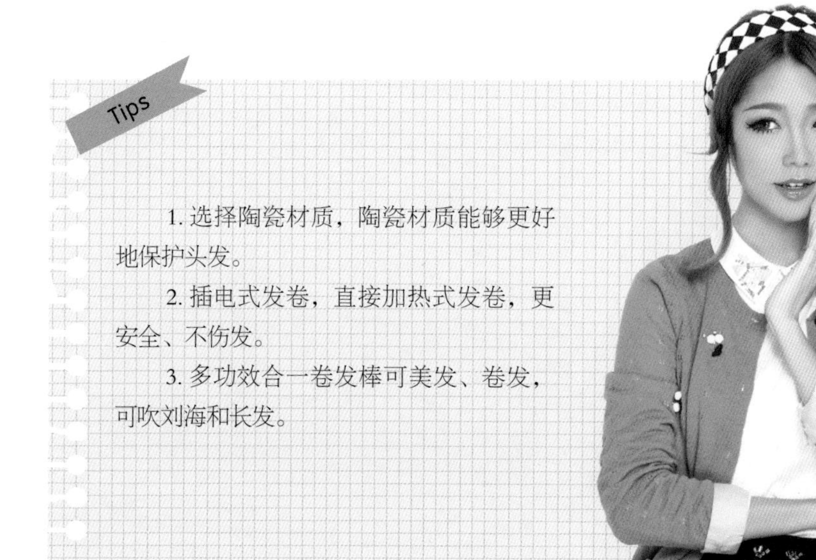

Tips

1. 选择陶瓷材质，陶瓷材质能够更好地保护头发。

2. 插电式发卷，直接加热式发卷，更安全、不伤发。

3. 多功效合一卷发棒可美发、卷发，可吹刘海和长发。

加热工具的安全温度

头发能承受的最高温度完全取决于发质的好坏。如果是细软发质，100~130℃足够让头发定型；发质较干、易断裂或有受损，将温度保持在 130~150℃；头发较密、较粗，自来卷的话，温度适宜调到 150~180℃。

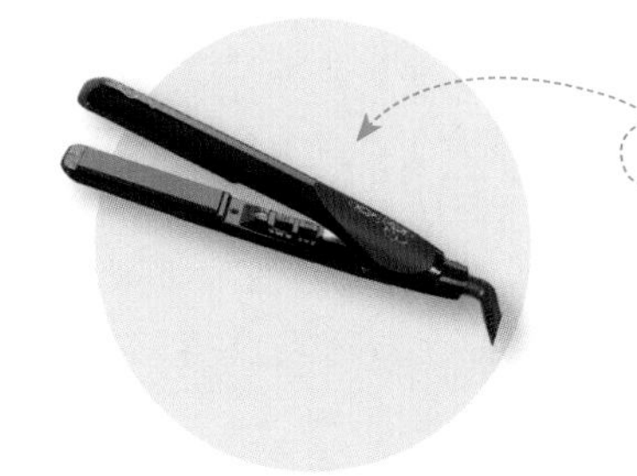

直发板：最适宜温度 100~180℃

头发在 230℃以上就会融化，超过 200℃，发梢会瞬间裂开。

卷发棒：最适宜温度 135~180℃

建议将温度保持在 150~170 ℃。如果只是刻板的发梢，增加些许卷度，可将温度调至 170~180℃。如果想让卷更明显，营造一种复古的造型，将温度降至 135~150℃，将头发在卷发棒上停留几秒即可。

吹风机：最适宜温度 30~40℃

建议将温度调至 30~40℃。若没有功能，可将吹风机调至中温。体积小的便携式吹风机采用高温低转速，来烤干头发，会导致断裂和开叉，而好的吹风机使用强大的风扇吹干头发。为了避免头发烧焦可以分批吹干头发，或者将头发吹半干，再让其自然晾干。

根据卷发需求选择不同的卷发温度及停留时间

卷发时间长短能够决定卷发的效果，除了卷发棒直径的不同，卷发的形状会不同以外，停留时间的长短也会直接影响到卷发的效果。

根据发质调节温度以及时间

发质	温度（℃）	停留时间（s）
细软水分较多	100~125	5~8
干燥细软	125~150	4~6
头发粗硬	150~180	6~10
自然卷	160~185	8~10
头发粗软	150~160	5~7

每个人的发质特异，在烫发时还是需要根据个人的情况来使用卷发棒。所以一定要选购有温度控制的卷发棒，这样才能随意控制温度高低，温度越高塑型力越强，但相对也会比较伤发质，因此一开始都从低温开始试起，若是效果不明显，再慢慢地调高温度会比较好。另外停留时间，是5~10秒，若是放下来卷度不明显，可以再延长时间。

卷发棒基本操作方法

虽然卷发棒方便快捷，但是在使用卷发棒的过程中还是需要注意一些操作问题，才能避免自己不会被烫伤。

卷发棒的基本操作步骤

Step 1

在没插电的卷发棒上练习一下烫发手法，以免手法不娴熟烫伤自己的双手。

Step 2

在练完卷发手法后，就开始将卷发棒预热到符合自己发质的温度。

Step 3

在预热卷发棒的时段，先挑出一缕头发，一般是 3cm×3cm，不能太多也不能太少。

Step 4

左手拉住这束头发，右手拿着卷发棒，夹住发束的中间部分。

Step 5

卷发棒夹住发束的中段后，右手握着卷发棒，左手扭转卷发棒的顶端旋转按钮。

Step 6

左手转动卷发棒顶端按钮，卷发棒就会慢慢地向下卷到发尾处，以这个姿势保持 3 秒钟左右。

Step 7

卷到发尾后，慢慢地让夹子放掉头发，把卷发器像要从发尾抽掉一样放开头发。

Step 8

按照同样的手法，将其余的头发烫好即可。

卷发棒使用重点解析

卷发时间长短能够决定卷发的效果，除了直径的不同卷发的形状会不同以外，停留时间的长短也会直接影响到卷发的效果。

卷发之前先护发

如果刚洗完头使用卷发棒，先用修护精华液均匀涂抹发丝，量只能少不能多，补充发丝的营养，再用免冲洗护发素，少量多次均匀涂于发尾，这样可预防热伤害并使头发柔顺不毛糙，增加头发亮泽度。

头发科学分区

首先先面对镜子，先分出前后两部分，前半部分就是将左右两耳之前的头发分别绑起来或夹起来；后半部分是将头发先分成上下两层，然后再一分为二，这样共分成六区，头发比较多或层次比较多的人，可上下多分几层。

合理分层烫发

将头发分好区域之后，要从最下面那层头发开始卷烫，按照从下往上的顺序，一层一层地开始烫发。科学分层烫发，会让头发效果层次丰富，卷度漂亮，最重要的是不会像没有分层的烫发那样凌乱或者漏烫。

整理头发记得放下电卷棒

想要追求自然的效果，可以在整理发束时把电卷棒放下，这样效果更好。整理头发后，卷好的左右两边有时候会不平衡，没有关系，太对称有时很怪，自然比较好看。

烫发后定型

最后造型与整理全部卷完之后的头发，将手伸入头发中稍加拨弄以呈现自然蓬松的感觉。使用亮光液可让头发不毛糙并增加光泽，或者使用发蜡加强发流感。若想持久一点可喷定型发雾，但整体造型会略僵硬些。

最保护发丝健康的卷发棒操作法则

选购质量好的卷发棒虽然对头发伤害不大，但实质上还是有些伤害的，为了保护自己的发丝，科学使用卷发棒更有效。

保护发丝健康的卷发棒操作步骤

Step 1
在洗完头发后，先用修护精华液均匀地涂抹在发丝上，补充头发的营养。

Step 2
将湿漉漉的头发用吹风机先吹出大概的形状，不要吹得太干。

Step 3
给头发先涂抹上塑形剂或者烫前护理剂，为头发形成保护膜。

Step 4
选用防静电的梳子，将头发捋顺并且分区。

Step 5
在电卷棒卷两侧的头发之前先把前额的刘海用发夹单独分出来。

Step 6
使用电卷棒将两侧的头发向前卷，后边的头发向外卷，这样可以使头发更有动感，看起来更轻盈。

神奇的美发小工具

海绵发卷

超柔软超舒服，可以卷着睡觉哦，一觉醒来就有健康又自然的波浪卷发。在头发八九分干时，挑起一束头发顺着海绵的凹陷处缠绕即可。

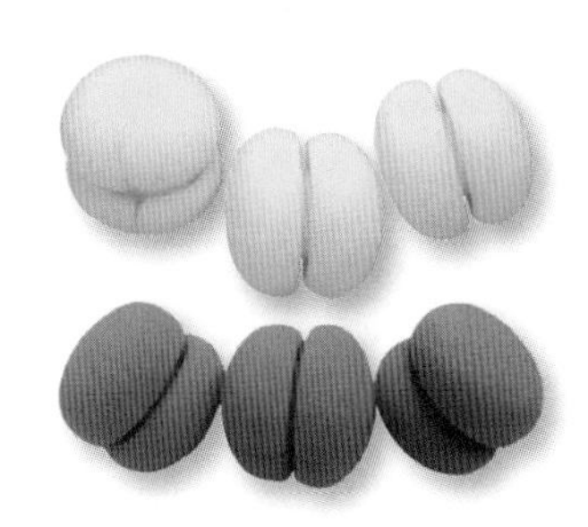

自粘卷发器

超赞的美发小帮手，常见的大小有：28mm、30mm、35mm、40mm、45mm 。内层是特殊树脂，非常轻巧；中层是感热铝材，用吹风机加热造型时，可让热力均匀分散；外层魔力粘可轻易卷起头发。在头发半湿时卷上发卷，再用吹风机加热定型，头发干后取下发卷即可。

Kevin Murphy 卷发板（Wave Clip）

这可是做出 20 世纪 70 年代卷发的秘诀。只需将头发梳理整齐后，挑出和卷发板相同宽度的头发，将卷发板夹在头发中间的位置，喷上防止热损伤的喷雾，然后用吹风机的低档风吹干头发即可。

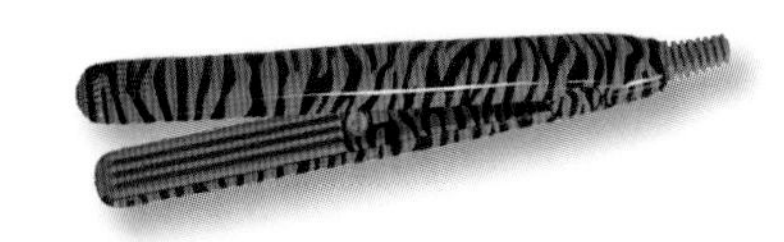

Ricky’s 无毛糙奇迹发梳（No-Frizz Comb）

这把奇迹发梳的奇妙之处在于，通过特殊方法将塑料发梳和橄榄油结合在一起。能对抗毛糙，卷翘，特备是静电的困扰，给头发增加自然光泽但是又不会感觉油腻。

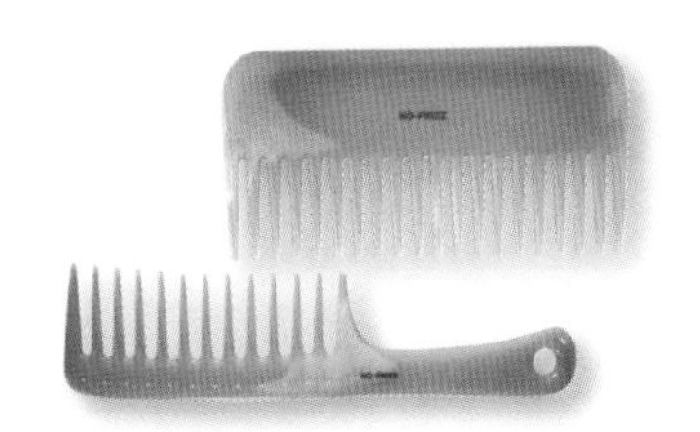

Goody 螺旋发卡（Simple Styles Bun Spiral）

扎头发最困难的一点就是固定，有了它们，不管是顺滑饱满还是松散低调的发髻，只需要扎一个马尾作基础，螺旋发卡就能轻松固定。

自动辫子机

只要将头发分成若干细发束，分别夹进辫子机，先用 1 档将发束扭转，再用 2 档将 4 根扭转好的发束扭在一起就 OK 啦。

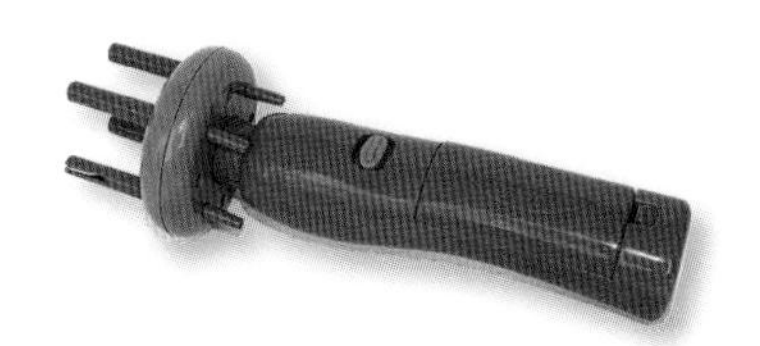

U 型夹

只要将发梢分别拧起来别在发顶，就可以塑造出空气感的完美盘发。

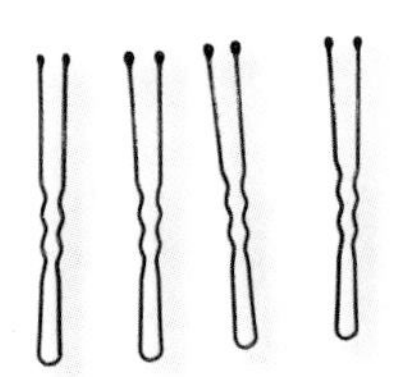

频繁烫染 / 造型后的护发宝物

频繁烫染后所需的护发产品

1. 防静电梳子

频繁烫染的头发会更干枯并且容易打结，选错梳子会让原本受损的发丝更加毛糙。牛角或者木制的梳子，质地坚韧、不容易产生静电，是较佳的选择。

2. 专业烫染护理洗发水

专业的洗发水能够针对头发的损伤进行修护，加入更多的营养成分以及精华让干燥的头发迅速恢复顺滑，并且能够保持发色以及卷度。

3. 护发素

护发素中含有丰富的维生素 E 以及养发精华，能够让干燥打结的头发恢复柔顺降低头发损伤度。

4. 发膜

如果没有时间到美发店进行焗油倒膜，那么发膜就是一个简易的头发护理工具。发膜中的营养物质和水分，会透过毛鳞片进入发丝，帮助修复纤维组织，尤其适合干枯和受损发质。

5. 营养液

除了护发素和洗发水之外，一瓶专门补充头发营养的营养喷雾不仅能够防静电，还能为头发补充所需营养，从内到外地养护头发，让受损发丝顺滑。

造型工具

你会洗头发吗？

1

用温水冲洗头发，然后用手指从发根轻轻地梳理头发。

2

洗发水打出泡沫后，按照脖颈—脑后—头顶的顺序，用指腹按摩清洗。

3

用温水将头发上的泡沫冲洗干净。

4

将护发素倒在掌心，从发梢开始轻轻按摩，然后再涂抹至全部头发，停留一小段时间冲洗干净。

5

把头发擦拭至半干后，用干毛巾包好，将多余水分吸收干净，保护毛鳞片不受损。

6

边用手梳理头发边用吹风机吹干，并且要将风从发根部吹入，最后再吹干发梢。

CHAPTER 2

完美的刘海是发型成功的秘诀

刘海是发型的关键，
完美的刘海才能成就完美的发型！
刘海并不只是遮盖额头的一缕头发，
更是改变整体气质的绝好配件！
直线刘海、弧线刘海、拧转刘海……
总有一款能够展现你的最佳气质。

洗发后刘海的吹干方式

Hairdressing Tools

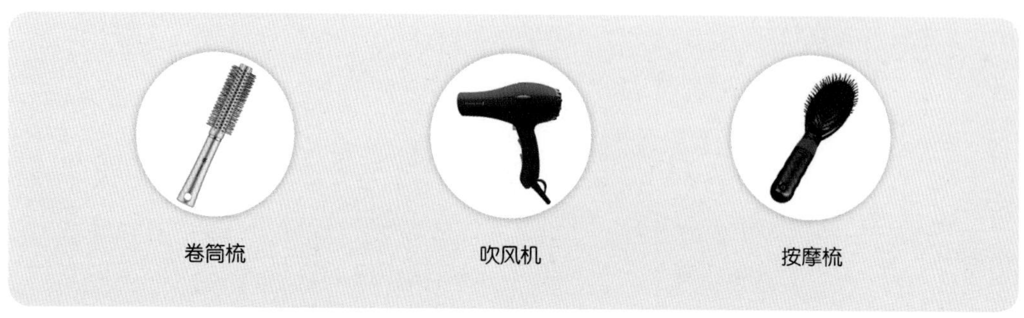

Step By Step

1
在头发湿时吹刘海。

2
将刘海往左边吹，边用梳子梳理边吹。

3
再将刘海往右边吹，同样用梳子梳理。

4
用大夹子将刘海上层夹起，先吹干下层的刘海。

5
这时换用卷筒梳，将下层刘海向内卷。

6
将上层刘海放下来，重复第 5 步的动作。

7
再用卷筒梳对刘海整体定型，使其更加自然。

8
若是刘海还不够干，可以再用吹风机吹干。

9
用梳子将刘海梳理整齐即可。

直线形刘海 × 减龄刘海让额头透透气

适合头发长度

■ 长发
■ 中发
□ 短发

所需时间

□ 15 分钟
■ 10 分钟
□ 5 分钟

Hairdressing Tools

Step By Step

1
首先用梳子将头发和刘海梳理整齐。

2
再用旋转梳子的方式卷曲发尾。

3
用吹风筒吹发尾处，使卷定型。

4
依次将发尾分成若干股头发进行卷吹。

5
另一侧头发的发尾按同样的方法用梳子卷型。

6
用吹风筒卷吹发尾，使之定型。

7
将剩余的头发重复上述步骤全部吹卷。

8
用梳子卷曲刘海处的头发。

9
戴上精巧可爱的发饰即可。

弧线形刘海 × 蓬松自然不怕发量少

适合头发长度

- ■ 长发
- ■ 中发
- □ 短发

所需时间

- □ 15 分钟
- ■ 10 分钟
- □ 5 分钟

Hairdressing Tools

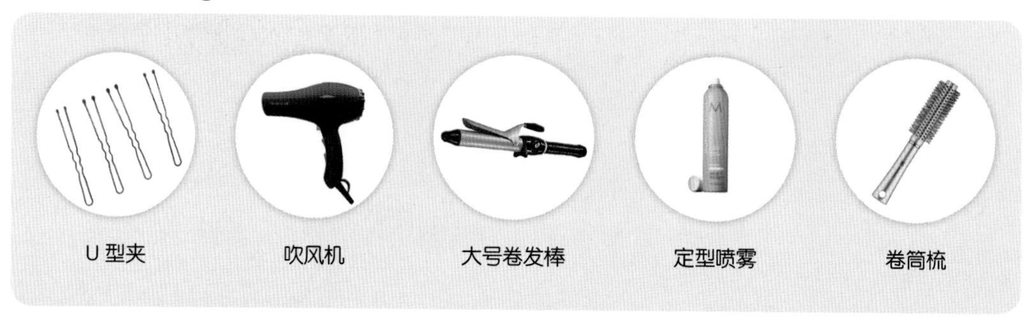

U 型夹　吹风机　大号卷发棒　定型喷雾　卷筒梳

Step By Step

1
使用一次定型喷雾，轻轻地喷在头发四周。

2
用手指轻轻播散头发，使头发更加蓬松自然。

3
使用大号的卷发棒，向内卷刘海。

4
用卷筒梳固定刘海，用吹风机热风吹约 1 分钟。

5
接下来用卷发棒，向外卷刘海侧边的头发。

6
卷曲另一侧相同位置的头发。

7
调整刘海处最长的头发，再用卷发棒将其卷曲自然。

8
将耳朵以上的头发盘起，用 U 型夹固定。

9
带上秀气可爱的发箍就完成整个发型了。

卷曲刘海 × 像公主一样散发可爱味道

适合头发长度

- ■ 长发
- ■ 中发
- □ 短发

所需时间

- □ 15 分钟
- ■ 10 分钟
- □ 5 分钟

Hairdressing Tools

定型喷雾　　大号和小号卷发棒

Step By Step

1 选择中等直径的卷发棒将整头头发烫卷。

2 将靠近刘海的头发从外往内卷，这样更能修饰脸型。

3 将卷好的头发分层，将较长的头发向头发中间内绕，再用较短的头发遮住。

4 先将刘海往内卷，让发根不再服帖于额头。

5 用小号的卷发棒，将刘海发尾朝外烫卷。

6 按照相同方法，将剩余的刘海烫卷。

7 另一端刘海也要从里朝外烫卷，与之对称。

8 用定型喷雾从下往上喷头发，让外卷的刘海更加持久。

9 戴上甜美风格的发饰，调整好位置即可。

凌乱刘海 × 最可爱的蓬松泰迪卷

Hairdressing Tools

Step By Step

1
将刘海粗略地分成三份，然后将多余的刘海用 U 型夹固定。

2
取一撮刘海，用小号卷发棒从外向内烫卷。

3
将刚才固定的刘海拆下，用小号卷发棒烫卷。

4
再取一小撮刘海，同样烫卷。

5
用小号的卷发棒，将头顶两侧的头发进行烫卷。

6
选择两边较长的刘海，并将它们捋顺。

7
将头发从中间部位开始放入海绵发卷中。

8
挑选海绵发卷，将选好的刘海放入缝中，并由外向内缠绕。

9
将发尾用发夹固定在右方的位置即可。

斜分式刘海 × 贴心定制属于自己的最佳弧线

适合头发长度

- ■ 长发
- ■ 中发
- □ 短发

所需时间

- □ 15 分钟
- ■ 10 分钟
- □ 5 分钟

Hairdressing Tools

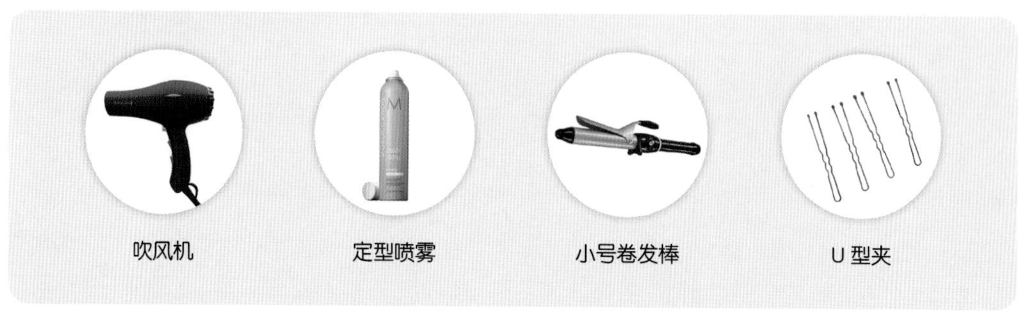

Step By Step

1
把刘海三七分，用吹风机改变刘海的朝向。

2
用小号卷发棒将斜分的刘海发尾稍微向内烫卷。

3
卷好后，用手梳理出理想形状，喷定型喷雾固定。

4
将另一边刘海用小号卷发棒朝内烫卷。

5
斜分那边的较长的刘海也用相同方式烫卷。

6
把烫卷好的刘海分成两份，扭转成一束发辫。

7
另一边发辫也固定在平行位置即可。

8
另一端的刘海也按照相同方式扭转。

9
用U型夹将扭转好的发辫固定起来。

中分刘海 × 让刘海保持造型的打理方法

适合头发长度

- ■ 长发
- ■ 中发
- □ 短发

所需时间

- □ 15 分钟
- ■ 10 分钟
- □ 5 分钟

Hairdressing Tools

Step By Step

1 用梳子将刘海处的头发梳理成中分。

2 用尖尾梳从刘海处整理出一片头发。

3 用卷发棒将整理出的头发向外烫卷。

4 接着继续将头发分成若干小股同样烫卷。

5 头部后侧的头发也向内烫卷。

6 头发都以片状来烫卷。另一侧的头发也按相同方式进行烫卷。

7 顶部的头发同样烫卷。

8 烫卷完成后，用手轻轻拉扯发尾，使头发更加自然。

9 喷洒一层定型喷雾,使造型更加牢固。

半包式刘海 × 带有复古气息的质感刘海

适合头发长度

■ 长发
■ 中发
□ 短发

所需时间

□ 15 分钟
■ 10 分钟
□ 5 分钟

Hairdressing Tools

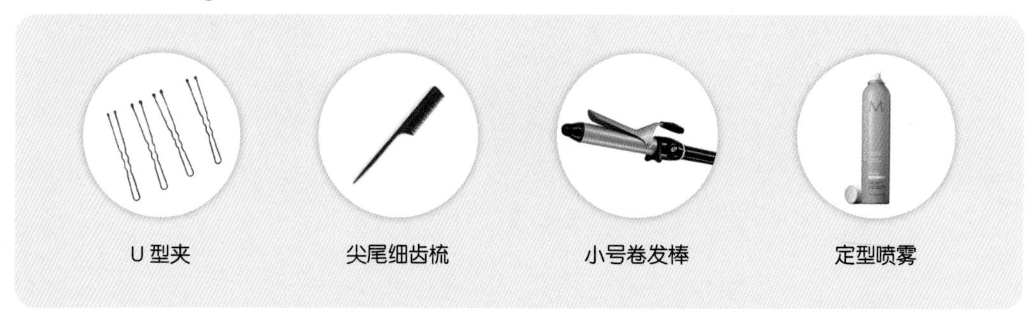

Step By Step

1
在刘海处轻轻喷洒一次定型喷雾。

2
用尖尾梳整理出刘海处的发量。

3
向内拧转整理出的头发拧转至发尾。

4
将马尾向前拧转，同样固定在刘海的位置。

5
在刘海后侧取一缕头发扎成马尾。

6
把拧转好的头发向上盘起，用U型夹固定在刘海处。

7
整理刘海处的碎发并固定好，戴上发饰。

8
用小号的卷发棒烫卷两鬓处的头发。

9
将另一侧的头发同样烫卷即可。

拧转刘海 × 甜美的花朵状刘海更别致

Hairdressing Tools

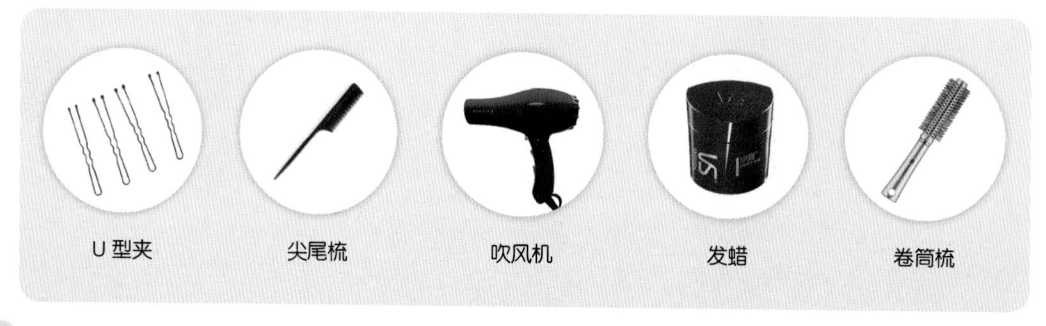

Step By Step

1 先用梳子将刘海处的头发梳到一侧，再用卷筒梳和吹风机将发尾处的头发吹卷。

2 梳理出刘海处的一股头发，并开始拧转。

3 将拧转好的头发向上拧转盘起在刘海的位置。

4 用U型夹将盘好的头发固定住。

5 从耳朵上方的位置再整理出一缕头发。

6 将整理出的头发拧转至发尾。

7 用U型夹将拧好的头发固定好。

8 整理拧发处的碎发，用U型夹固定在头发中。

9 再使用一次定型发蜡涂抹在盘发上即可。

内卷刘海 × 优雅别致的弧度更吸引人

适合头发长度

■ 长发
■ 中发
□ 短发

所需时间

□ 15 分钟
■ 10 分钟
□ 5 分钟

Hairdressing Tools

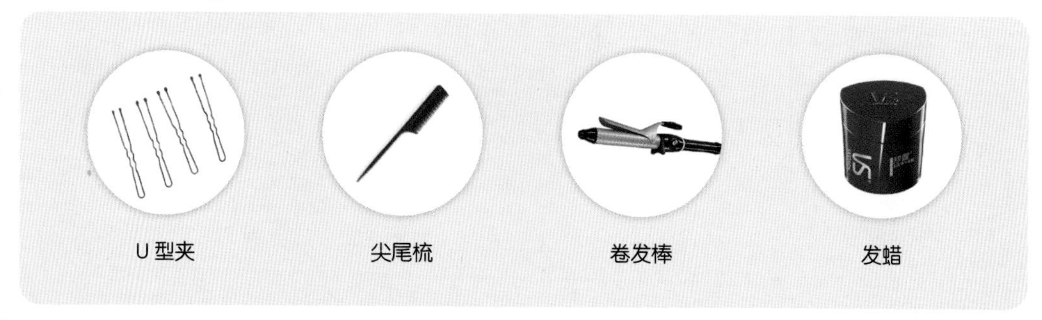

Step By Step

1
从头顶处分出适量头发，与刘海处的头发合并。

2
用尖尾梳将整理出的头发梳理整齐。

3
用大号的卷发棒向内卷曲刘海处的头发，不必卷至发根。

4
用尖尾梳将发根打蓬松。

5
轻轻的梳理一下头发的表面，使表面整齐。

6
给刘海处的头发抹上一点发蜡，头发便于造型。

7
用双手慢慢卷曲刘海处的头发，使其向内卷至额头处。

8
注意卷曲的弧度不必过大，同时整理好碎发。

9
用 U 型夹固定刘海即可。

发辫刘海 × 令人意想不到的清新感

Hairdressing Tools

Step By Step

1 用梳子将刘海处的头发向前梳理。

2 然后再向侧边梳理，开始将刘海处的头发进行编辫子。

3 每编一股辫子就加入少量头发，让发辫逐渐充实起来。

4 将辫子以最简单的三股辫的方法进行编发。

5 注意编发的时候不要编得过紧。

6 挑出的头发用完后，不再加入其他头发继续往下编发。

7 编至发尾时，用黑色的橡皮筋将编发固定。

8 将编好的发辫刘海从发尾开始慢慢拉松。

9 把发辫的尾部以拧转的方式带到耳朵上方的位置，固定好。将碎发整理好，调整头发位置。可以用发蜡定型。

CHAPTER 3

不用大动干戈 发尾美了就美了

有了生动的发尾还怕头发死气沉沉？
借助烘罩就能做出自然柔美的发尾，
吹风机和卷筒梳能够打造直线发尾。
想要复古风那么就让发尾外翘，
只需动一下发尾就能达到美丽满分！

洗发后发尾的吹干方式

Hairdressing Tools

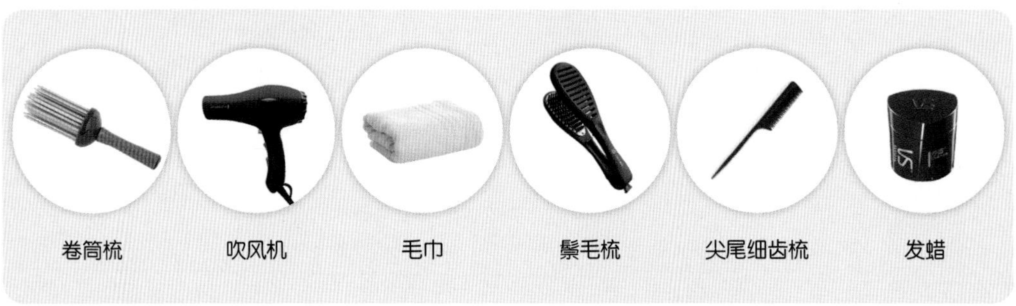

Step By Step

1

首先用干毛巾轻轻按压发尾，吸收部分水分。

2

用卷筒梳撩拨头发，使聚拢的头发分散开来。

3

把吹风机调至微风，轻轻地吹发尾的部分，吹约两分钟。

4

再用毛巾轻轻地揉搓发尾,吸收水分。

5

再用卷筒梳一边梳一边用吹风机吹干。

6

用鬃毛梳轻轻地梳理头发。

7

再用卷筒梳将头发拨散，使内部的头发更好地接触空气。

8

将免洗护发素或是发蜡涂抹在发尾。

9

用尖尾梳将头发梳理整齐即可。

巧用烘罩做出自然美的发尾

Back

Side

适合头发长度

■ 长发
□ 中发
□ 短发

所需时间

□ 15 分钟
■ 10 分钟
□ 5 分钟

Hairdressing Tools

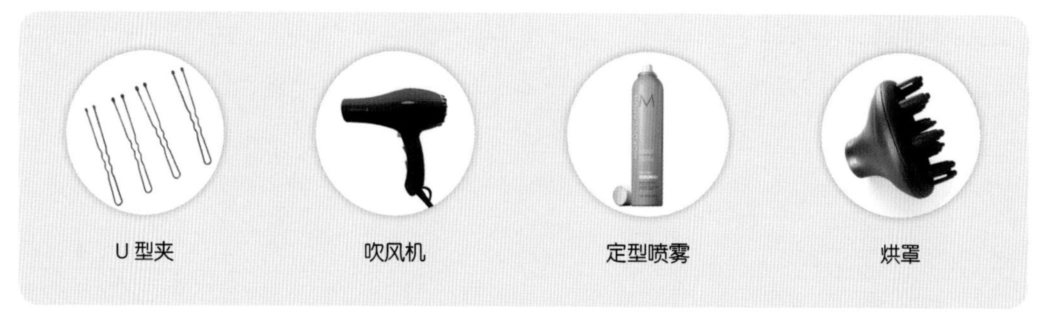

Step By Step

1
挑选一个发带作为装饰，把头发梳理通顺后戴上。

2
选出两缕头发，捋顺后用两手抓住。

3
将两缕头发向下扭转，无需太用力。

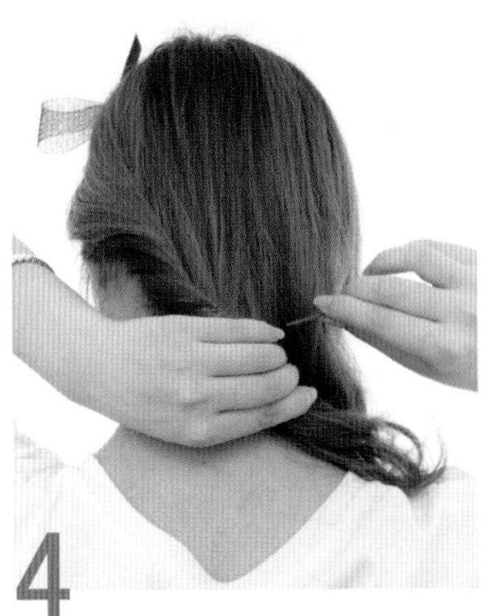

4
将拧转好的头发用 U 型夹固定于头部下方。

5
固定好发辫后，把发尾整齐地卷入烘罩内。

6
吹风机开小档热风将发尾慢慢烘卷。

7
之后将发尾拧转起来。

8
往上推开发尾后，打散放于手心。

9
喷上定型喷雾，自然发尾即可呈现。

直线形发尾 × 在家打造沙龙级效果

Back

Side

适合头发长度

- ■ 长发
- ■ 中发
- □ 短发

所用时间

- □ 15 分钟
- □ 10 分钟
- ■ 5 分钟

Hairdressing Tools

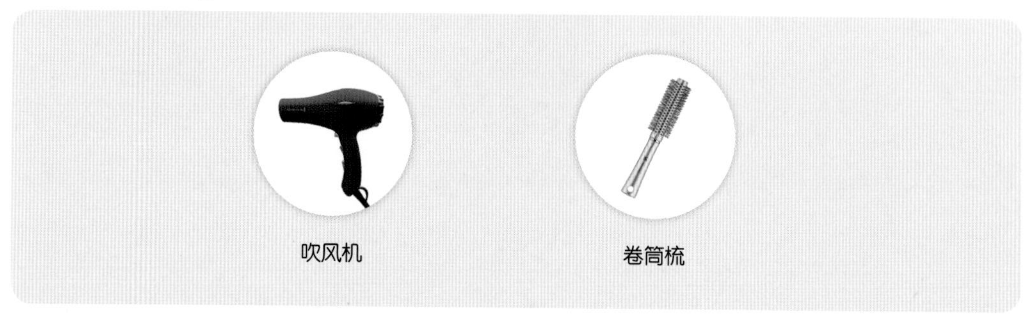

Step By Step

1
将头发打理通顺后，先用卷筒梳固定刘海的弧度。

2
根据吹风机热度，慢慢转动卷筒梳直至刘海吹出形状。

3
另一侧刘海也先固定弧度，使头发固定在梳子上即可。

4
用吹风机吹出形状，用吹风机上下环绕着梳子进行吹发。

5
用卷筒梳将发尾往内卷。

6
用吹风机配合卷筒梳打理发尾。

7
另一侧的发尾也往内卷。

8
用吹风机慢慢吹直。

9
戴上与服饰相搭配的发饰即可。

内卷发尾 × 多一点点就能变可爱

Back

Side

适合头发长度

■ 长发
■ 中发
□ 短发

所需时间

□ 15 分钟
■ 10 分钟
□ 5 分钟

Hairdressing Tools

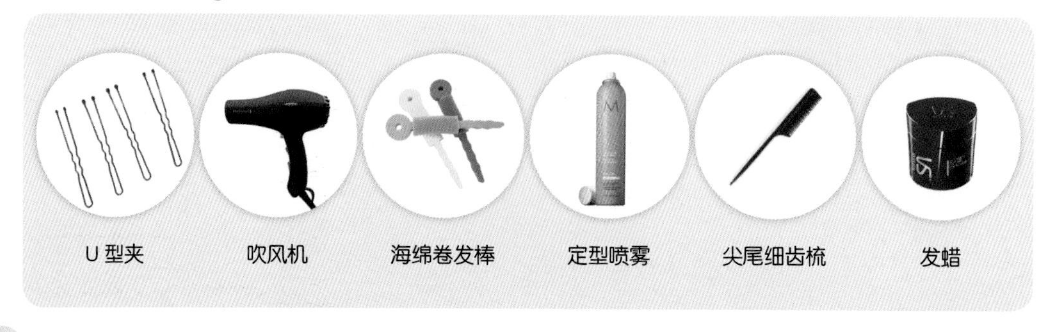

Step By Step

1

将头发打理通顺后，在发尾涂上适量发蜡。

2

之后用海绵卷发棒固定发尾，用吹风机吹卷。

3

解开海绵卷发棒扣子。

4

按照卷度慢慢取出海绵卷发棒，不能用力一下取出。

5

取出后，用定型喷雾将卷度定型。

6

用尖尾梳将头发梳理整齐，并且打散发尾。

7

选出一撮刘海，将其扭转成一束发辫并用 U 型夹固定。

8

另一边也选出一束刘海，拧转后固定，让刘海稍微隆起。

9

在固定发辫的位置，戴上与服饰相配的发饰即可。

螺旋发尾 × 丰盈的效果充实发量

Back

Side

适合头发长度

- ■ 长发
- ■ 中发
- □ 短发

所需时间

- □ 15 分钟
- ■ 10 分钟
- □ 5 分钟

Hairdressing Tools

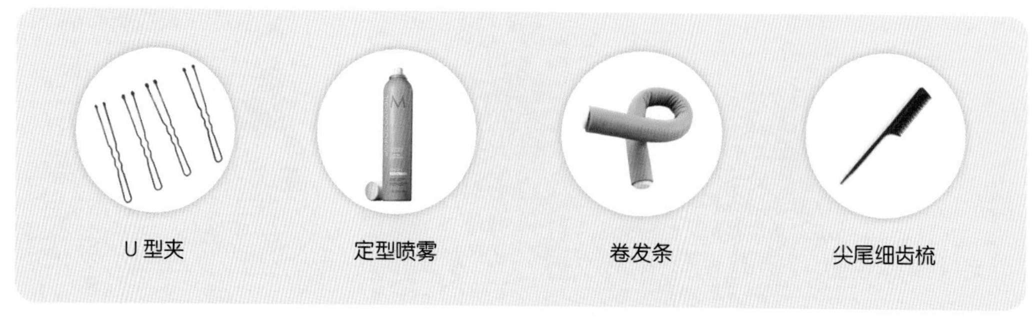

Step By Step

1 用尖尾梳将头发梳理通顺。

2 把卷发条两端进行拧转。

3 将头发从发尾开始环绕在卷发条上。

4 等待一定时间后，将卷发条慢慢解开。

5 用细齿梳整理发尾的发丝，使发尾更整洁。

6 将发尾稍微抬起用定型喷雾定型。

7 在刘海旁选出两撮头发，将其扭转成一束发辫。

8 将扭转好的发辫往内扣，隐藏在头发之下并用 U 型夹固定。

9 在刘海分界处戴上与服饰搭配的发饰即可。

外翻发尾 × 挑战欧美风的洒脱效果

Back

Side

适合头发长度

■ 长发
■ 中发
□ 短发

所需时间

□ 15 分钟
■ 10 分钟
□ 5 分钟

Hairdressing Tools

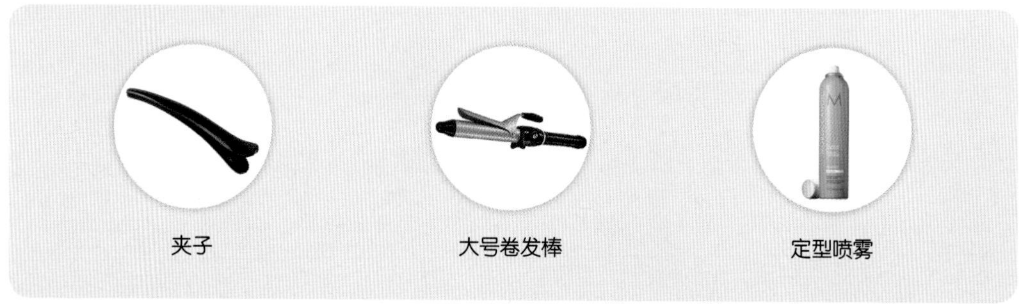

Step By Step

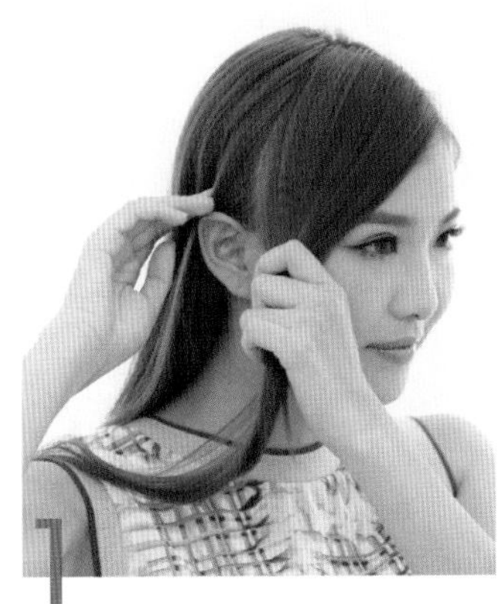

1 将头发梳理整齐，并从一侧耳际上方取出一股头发。

2 用卷发棒夹住取出的头发，向外卷烫。

3 依次将头发均匀分成若干份。

4 将分好的头发依次进行进行卷烫。用手轻轻拨散头发。继续将剩余的头发进行卷烫。

5 重复上述步骤，从耳际开始，将另一侧分出头发进行卷烫。

6 均匀每一股头发，将剩余的头发全部卷烫。

7 将卷烫好的头发分成左右两份，整体向外进行拧转。

8 分出前额两股头发，拧成麻花状。

9 最后将发饰将麻花辫固定在一侧耳朵上方的位置即可。

外翘发尾 × 复古味道就是这么来的

Back

Side

适合头发长度

- [x] 长发
- [x] 中发
- [ ] 短发

所需时间

- [ ] 15 分钟
- [x] 10 分钟
- [ ] 5 分钟

Hairdressing Tools

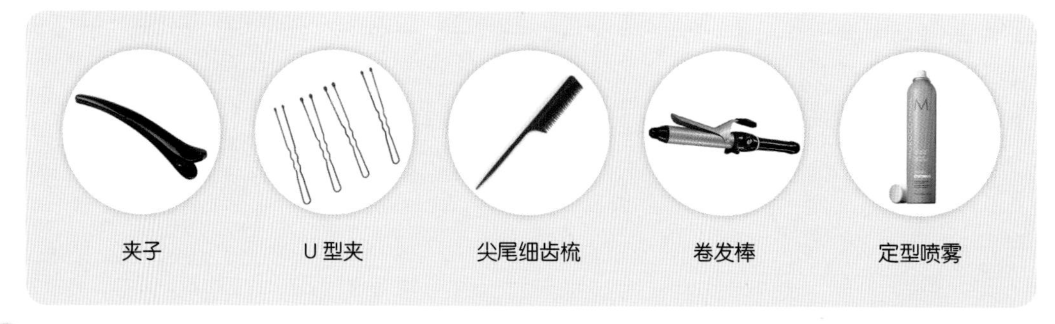

Step By Step

1 从一侧耳朵后方的位置取两股头发。

2 将这两股头发相互拧转。

3 用 U 型夹固定拧好的头发。

4 用细齿梳梳理刘海。

5 将刘海的上部固定，烫卷所有下部的头发。

6 取下夹子，轻轻喷洒一层定型喷雾。

7 接着对上部分的刘海进行卷烫。

8 对发尾进行向外卷烫使其微微外翻。

9 再使用一次定型喷雾即可。

蓬松发尾 ×A 型发型迅速瘦脸

Back

Side

适合头发长度

■ 长发
■ 中发
□ 短发

所需时间

□ 15 分钟
■ 10 分钟
□ 5 分钟

Hairdressing Tools

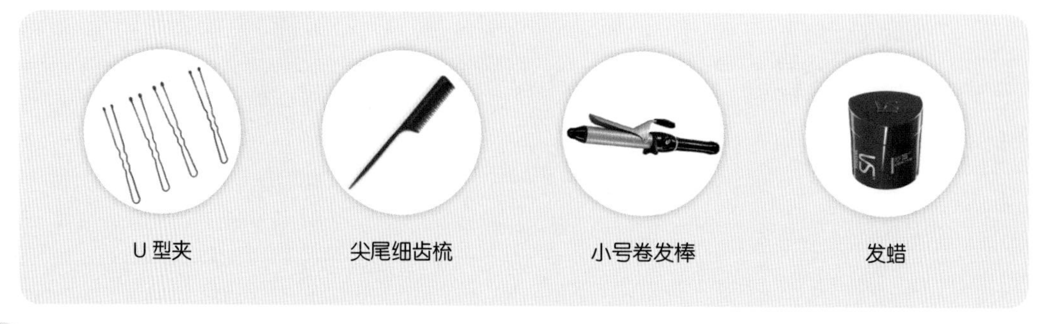

Step By Step

1
用梳子将刘海梳理中分。

2
用小号的卷发棒将刘海往内卷，烫出内卷造型。

3
将头发往内卷，烫出内扣造型，打造出蓬松感。

4
将烫好的发尾用手指拨开，并且打散。

5
在发尾上均匀抹上适量发蜡。

6
抓住几缕头发，将其余头发往上拉，让发尾更蓬松。

7
将左边的刘海编成三股辫，编到耳朵位置即可。

8
用U型夹将发辫的固定，用手稍微将发辫拉松。

9
挑选一款与服装相搭配的发箍戴上即可。

CHAPTER 4

学会基本款发型
以不变应百变

不要每天只是散发或是枯燥的马尾了，
简单的基本款发型让你更加别致。
基本大卷唯美发型、基本梨花头日系清新，
高马尾、低马尾都要更特别。
基本收短发、半盘发、公主头统统不在话下！

自然大卷 × 卷发棒就能打造的唯美感

Back

Side

适合头发长度

- ■ 长发
- □ 中发
- □ 短发

所需时间

- ■ 15 分钟
- □ 10 分钟
- □ 5 分钟

Hairdressing Tools

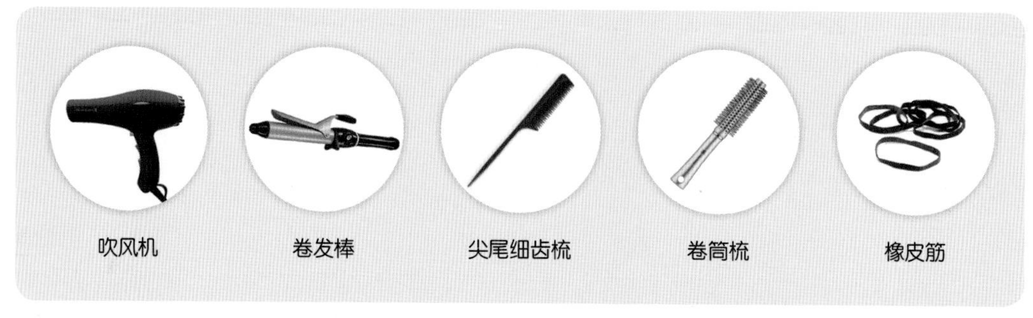

Step By Step

1

将头发理顺，用大号卷发棒将发尾烫卷。

2

按照一内一外的顺序，一撮头发从内向外卷，其旁边的一撮就要相反方向卷。

3

用卷筒梳与吹风机将服帖的发根吹蓬。

4

将左侧耳后位置的头发编成发辫，用橡皮筋固定。

5

用尖尾梳理出发辫上方的头发。

6

用梳子将整理出的头发梳理整齐。

7

将选出的头发丝梳理通顺后，分成三等份。

8

用刚分好的头发，从上至下编三股辫。

9

编到 2/3 时，将发辫拉紧，选出一股较长的头发。

10

将选出的头发绕着发辫缠绕一圈。

11

绕好圈后将发尾穿入洞中，并且拉紧。

12

用与服装相搭配的发夹固定好发辫。

基本梨花头 × 自然演绎轻柔美风格

Back

Side

适合头发长度

- ■ 长发
- □ 中发
- □ 短发

所需时间

- ■ 15 分钟
- □ 10 分钟
- □ 5 分钟

Hairdressing Tools

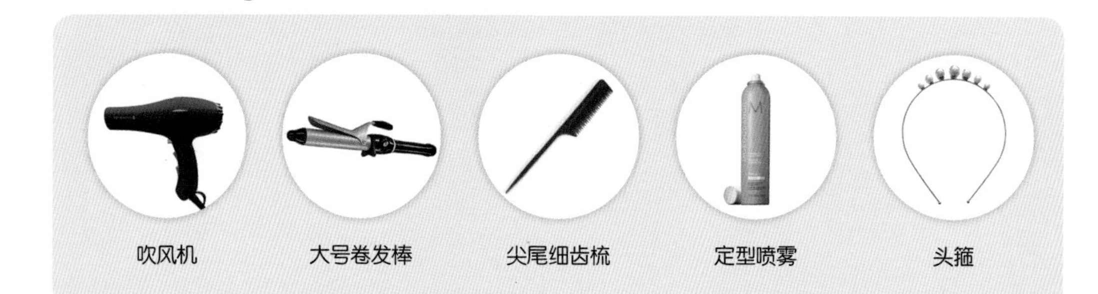

Step By Step

1 将头发分为上下层，上层用发夹固定。

2 用大号的卷发棒向外烫卷下层头发。

3 烫卷另一侧下层的头发。

4 将上层的头发放下，梳理整齐。

5 烫卷上层的头发，使其向外卷曲。

6 另一侧的上层头发同样烫卷，方法一致。

7 烫卷好之后，用手轻轻拧转发尾使其卷曲自然。

8 将头发整理到同一侧，用手轻轻拧转。

9 一手捧住发尾，用吹风机轻吹。

10 在发尾处喷洒适量的定型喷雾。

11 用手轻轻拉扯发尾使其更加自然。

12 选择一款合适自己的头箍戴上即可。

基本小卷 × 打造随性自然的森女风格

Back

Side

适合头发长度

- ■ 长发
- □ 中发
- □ 短发

所需时间

- ■ 15 分钟
- □ 10 分钟
- □ 5 分钟

Hairdressing Tools

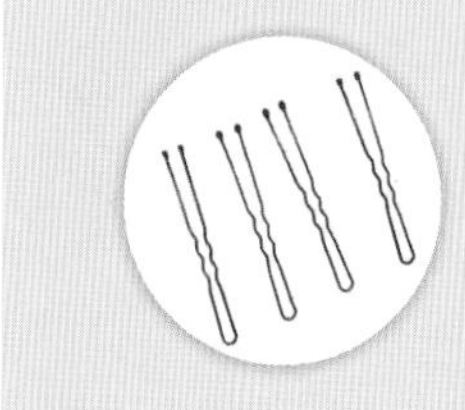

U 型夹

尖尾细齿梳

卷发棒

橡皮筋

Step By Step

1 将头发梳理整齐后，用卷发棒烫卷侧边的头发。

2 继续烫卷侧边剩余的头发，使其更加卷曲。

3 烫卷刘海处，使其微微向内弯曲。

4 接着烫卷另外一侧的头发，使两侧平衡。

5 用尖尾梳子在耳朵上方整理出一缕头发。

6 将这缕头发编成发辫，绕至头顶上方，将辫子用U型夹固定

7 从另一侧耳后再编一条发辫。

8 使用编三股辫的方法来编发辫。

9 编至距离发尾还有一定距离的位置，用橡皮筋扎好。

10 然后用一缕头发绕在橡皮筋的位置。

11 将这一束辫子同样绕至头顶，并用U型夹固定在耳后。

12 调整两侧辫子的位置，并用U型夹固定使其更牢固。

背面单髻 × 优雅满分又不老气

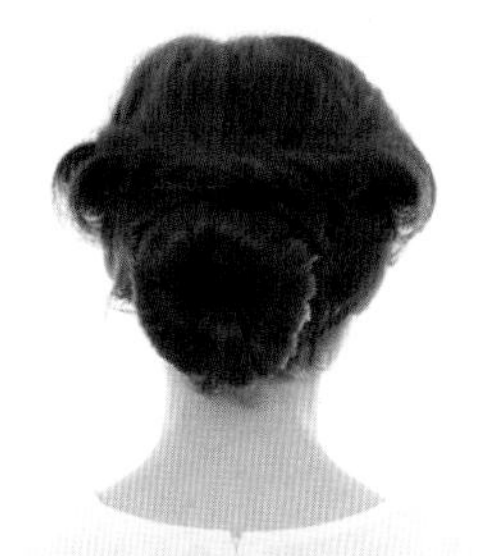

Back

Side

适合头发长度

- ■ 长发
- □ 中发
- □ 短发

所需时间

- ■ 15 分钟
- □ 10 分钟
- □ 5 分钟

Hairdressing Tools

U 型夹

尖尾细齿梳

盘发海绵

橡皮筋

Step By Step

1

在耳朵后方分出两股头发，发量均匀。

2

相互缠绕两股头发至发尾并用橡皮筋扎好。

3

另一侧耳后同样分出发量相同的两股头发。

4

同样相互缠绕并用橡皮筋扎好。

5

将剩余的头发全部穿过盘发海绵，根据发量选择海绵大小。

6

将头发缠绕在盘发海绵上，使其均匀分散。

7

使用多个U型夹固定发髻。

8

调整头发，不要露出海绵。

9

拿起左耳后拧转好的头发，从发髻上绕过。

10

固定好之后，再拿起右侧的拧发缠绕发髻。

11

使两股拧发均匀地缠绕在发髻上，并调整均匀。

12

最后用尖尾细齿梳轻轻挑起头部后侧的头发，使其蓬松自然。

侧面单辫 × 让编辫子不再头疼的超自然编法

Back

Side

适合头发长度

- ■ 长发
- □ 中发
- □ 短发

所需时间

- ■ 15 分钟
- □ 10 分钟
- □ 5 分钟

Hairdressing Tools

U 型夹

尖尾细齿梳

橡皮筋

卷发棒

Step By Step

1
将头发从刘海处全部整理到一侧。

2
戴上有发带的头箍，发带与头发放同一侧。

3
把侧分好的头发编四股辫，编至耳朵下方。

4
将发带加入头发中，一同编发辫，注意选择较长的发带。

5
将发辫编至发尾的位置，再把发带分离出来。

6
先用橡皮筋扎好发尾，再将剩余的发带打蝴蝶结。

7
轻轻地拉扯发辫，使其更加蓬松。

8
调整头顶处的头发，使其更加整齐自然。

9
检查蝴蝶结是否匀称，根据自己的需求调整蝴蝶结大小。

10
用若干个 U 型夹固定后部的发辫，使其牢固。

11
再用卷发棒烫卷刘海，使发尾更自然。

12
最后用 U 型夹把刘海发尾固定在耳朵上方即可。

低位双马尾 × 让发型尽显俏皮的方法

Back

Side

适合头发长度

- ■ 长发
- □ 中发
- □ 短发

所需时间

- ■ 15 分钟
- □ 10 分钟
- □ 5 分钟

Hairdressing Tools

尖尾细齿梳　橡皮筋　卷发棒

Step By Step

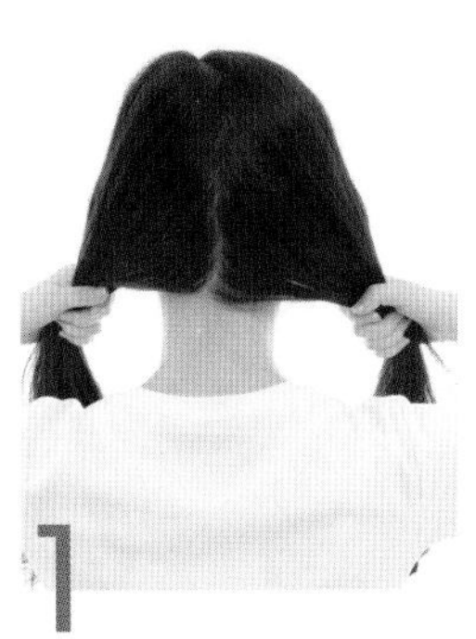

1 将头发分为两份，不必分得过于均匀。

2 用梳子理顺头发。（只用一侧头发做展示。）

3 从一侧耳后的位置，将头发分成三股。

4 从头顶的位置开始编发辫。

5 编至头发中段，用橡皮筋固定。

6 从发尾中抽取一缕头发，缠绕在橡皮筋上。

7 用卷发棒向外卷曲发尾。

8 取几缕头发再向内卷曲。

9 用梳子将刘海梳理整齐。

10 用卷发棒向内卷曲，使其更蓬松。

11 用手轻轻拉扯辫子的顶端，使其更蓬松。

12 发尾处同样用手轻轻拉扯，让发尾更加蓬松。

高绑马尾 × 势不可挡的青春活力

Back

Side

适合头发长度

■ 长发
□ 中发
□ 短发

所需时间

■ 15 分钟
□ 10 分钟
□ 5 分钟

Hairdressing Tools

尖尾细齿梳

定型喷雾

海绵卷发棒

橡皮筋

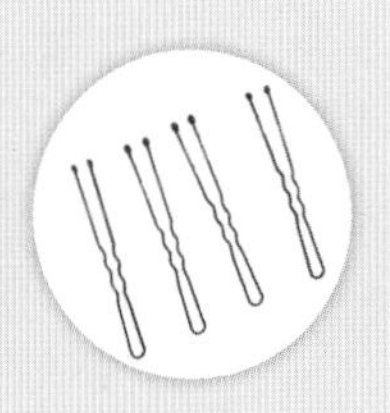

U 型夹

Step By Step

1 将刘海用尖尾梳整理。

2 将刘海向后梳理，并用尖尾梳轻轻地打毛。

3 抓住中间部位，拧转几圈并向上推，用U型夹夹好。

4 剩余的头发用尖尾梳从底部开始梳理整齐。

5 用黑色橡皮筋在头顶斜上方扎好。

6 用清水轻轻地喷洒一次发尾。

7 用海绵卷发棒缠绕马尾处的头发，使其微微卷曲。

8 接着再使用海绵卷发棒缠绕发尾，使发尾更加卷曲。

9 运用头发绕在海绵发卷上的方法来卷曲发尾，让发尾弧度更自然。

10 使用定型喷雾，让发尾的造型更加稳固。

11 用手轻轻拉扯，使发尾更加蓬松。

12 再选择一款简单的发饰扎在马尾上即可。

基本半盘发 × 简单几个动作就能高端大气

Back

Side

适合头发长度

- ■ 长发
- □ 中发
- □ 短发

所需时间

- ■ 15 分钟
- □ 10 分钟
- □ 5 分钟

Hairdressing Tools

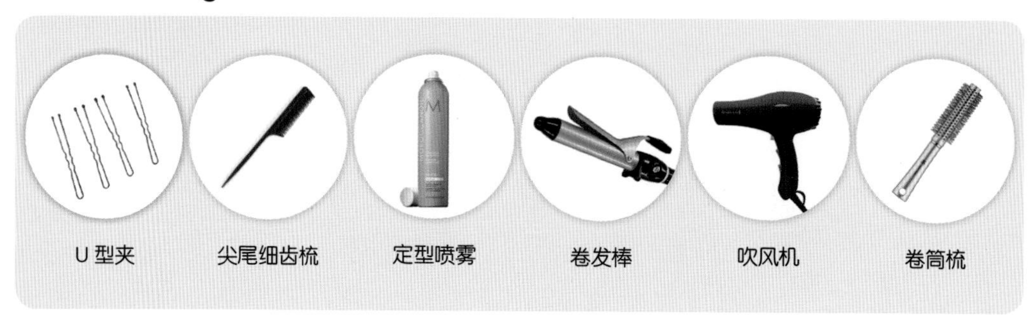

Step By Step

1 用尖尾梳将头顶的发量梳理出来。

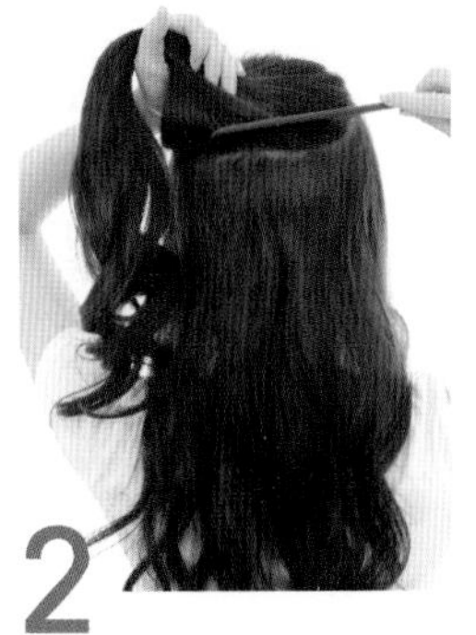

2 从耳后上方的位置开始，将头发分成上下两部分。

3 抓住上部分头发并拧转几次，用 U 型夹固定。

4 将发尾分成两股相互拧转。

5 拧转至发尾后，将其盘起并用 U 型夹固定。

6 轻轻整理剩余的头发，全部拨到肩膀前方。

7 喷洒一些定型喷雾。

8 一边用卷筒梳分散头发，一边用吹风机吹。

9 用卷发棒烫卷头发，轻轻向外卷曲。

10 两鬓处的头发也同样向外卷曲。

11 卷曲刘海，使其微微外翘即可。

12 选择一款优雅的发饰戴在头上，发型就完成了。

基本公主头 × 快速打造惹人怜爱的可爱风

Back

Side

适合头发长度

- ■ 长发
- □ 中发
- □ 短发

所需时间

- ■ 15 分钟
- □ 10 分钟
- □ 5 分钟

Hairdressing Tools

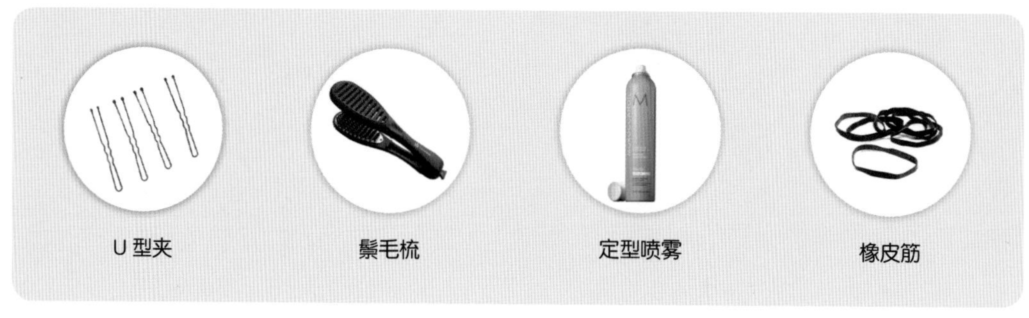

Step By Step

1
以鬃毛梳将全部头发倒梳，从发根开始编发辫。

2
一直沿着脑后向上编发，以三股辫的方法编至耳朵上方的位置。

3
一只手握住头发，一只手整理编好的辫子。

4
将剩余的头发用橡皮筋扎成马尾。

5
取出其中的一小股头发。

6
将其呈圆圈状卷曲后，用U型夹固定。

7
继续将马尾分成数小股头发，呈圈状固定在头顶处。

8
较长的头发可以弯曲打折之后再固定。

9
检查剩余的头发是否有零散，将其扎好。

10
再用U型夹将整个花苞头加固稳定。

11
用手轻轻抓起头顶处的头发，并喷洒定型喷雾。

12
戴上粉色的蝴蝶结，位置侧一点会更有俏丽甜美之感。

基本丸子头 × 零失败的丸子头秘密技巧

Back

Side

适合头发长度

- ■ 长发
- □ 中发
- □ 短发

所需时间

- ■ 15 分钟
- □ 10 分钟
- □ 5 分钟

Hairdressing Tools

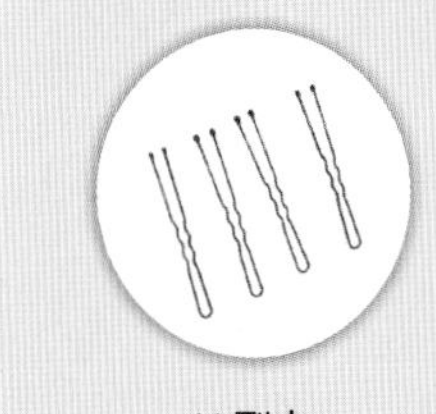

U 型夹

尖尾细齿梳

定型喷雾

橡皮筋

Step By Step

1 将头发理顺后，绑一个高马尾作为丸子头的基础。

2 取出二分之一的发量。

3 将取出的头发编三股辫。

4 抓着一缕头发，将剩余的发辫往上推。

5 把推松的发辫绕着马尾顺时针方向绕转，用U型夹固定。

6 将剩余的头发同样编发辫。

7 同样取出一缕头发，然后将发辫向上拉松。

8 将拉松好的发辫逆时针绕转并固定。

9 用U型夹固定好丸子头后，用手轻轻拉扯四周。

10 用尖尾梳子轻轻插入头发并挑起，使其更蓬松。

11 使用定型喷雾，将其喷洒在碎发处。

12 用手指做最后的整理固定即可。

基本收短发 × 长发变短什么时候想可爱都可以

Back

Side

适合头发长度

- ■ 长发
- □ 中发
- □ 短发

所需时间

- ■ 15 分钟
- □ 10 分钟
- □ 5 分钟

Hairdressing Tools

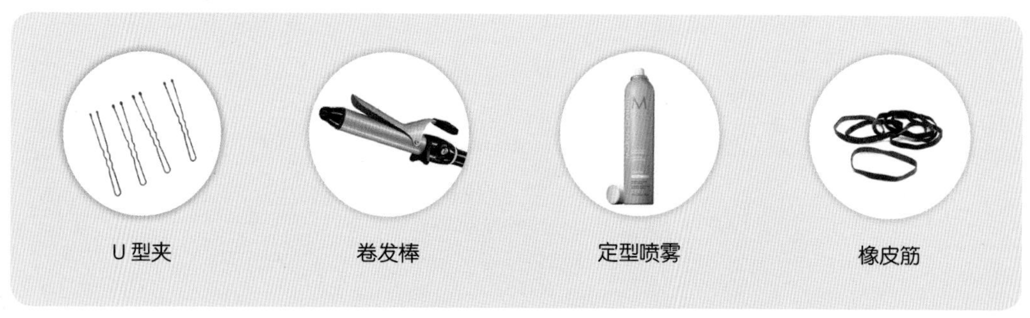

Step By Step

1 将头发梳理整齐后，向内烫卷头发。

2 另一侧的头发同样烫卷，使其更自然。

3 将一侧的头发编三股辫。

4 编至发尾后，用橡皮筋固定。

5 以此将剩余的头发编成三束发辫。

6 将辫子慢慢向内卷起，藏到发根处。

7 将卷曲好的头发用U型夹固定。

8 三份头发都需要固定牢固，再调整好位置。

9 然后用卷发棒烫卷刘海，使其自然卷曲。

10 另一侧刘海同样烫卷。

11 再喷洒一层定型喷雾，使发型更加牢固。

12 选择一款适合自己打扮的头箍戴上即可。

基本猫耳发型 × 掌握俏皮吸睛法则

Back

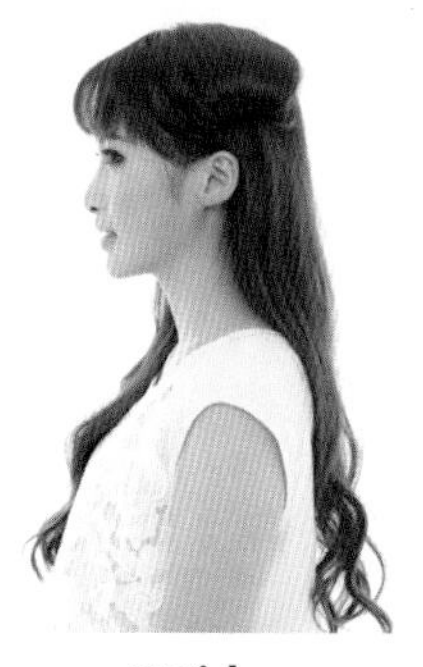

Side

适合头发长度

■ 长发
□ 中发
□ 短发

所需时间

■ 15 分钟
□ 10 分钟
□ 5 分钟

Hairdressing Tools

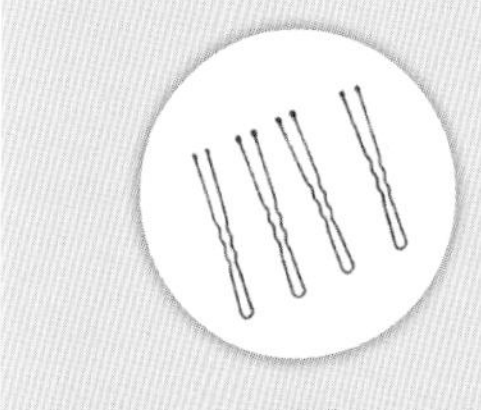

U 型夹

定型喷雾

卷发棒

尖尾细齿梳

Step By Step

1 将头发梳理整齐后，用卷发棒将头发向外卷烫，烫成螺旋状。

2 抓住发尾的几根发丝，将烫好的卷发往上推，制造出蓬松感。

3 将蓬松的头发打散，用定型喷雾喷头发的里面。

4 用尖尾梳在一侧耳朵上方梳理出适量的头发。

5 将梳理出的头发拧转，向上推起呈猫耳状并用U型夹固定。

6 另一侧同样取适量的头发。

7 用尖尾梳将头发的根部倒梳微微打毛。

8 同样将头发拧转并推起呈猫耳状并固定。

9 调整好后，用U型夹固定。

10 用双手将猫耳的造型做最后的调整。

11 用卷发棒将较长的刘海往里烫卷。

12 将剩下的刘海向内烫卷，整理好后即可。

CHAPTER 5

发型改变脸型 给你新的自己

根据脸型的优缺点来选择适合自己的发型，
圆脸型要运用 A 字形发型优化比例，
菱形脸要强调中段蓬松度丰满脸颊，
长脸形则要运用发型平衡脸部轮廓。
巧妙的发型就能修饰出完美的脸型！

六种基本脸型优缺点分析

圆脸

圆脸型的人五官都不够集中，感觉五官扁平或面部过于饱满。将发尾往内拨，可让五官位置往中心移动，同时修饰脸颊轮廓。

发型重点

1. 刘海长度刚好在眼睛上方，强调眼睛的明亮度。
2. 两侧蓬蓬的蛋形发型可让五官集中。
3. 发尾朝内卷，让分散的五官更集中。

椭圆脸

椭圆脸人的五官都朝中间集中。双眼两侧到脸廓的距离长，脸颊面积也较宽，因此可以用长刘海来缩小脸蛋，将视线焦点移转到脸廓外侧。

发型重点

1. 避免半长不短的刘海和中分发型。
2. 双眼两侧的长刘海自然披散，再以斜线修剪更显自然。
3. 两侧发束往外抓翘，转移视线焦点。

倒三角脸

倒三角脸型的人额头比较宽， 五官都往下半部集中。虽然长相可爱，但会给人严肃刻薄的感觉。

发型重点

1. 头顶到眼睛位置的发束抓蓬，将脸型重心往上移。
2. 华丽性感的螺旋卷波浪卷发，可消除严肃的感觉。
3. 将发型修整出柔和的线条，让五官更鲜明，更有成熟感。

长形脸

长形脸的人五官都集中在上半部，脸颊到下巴的距离很长，所以将两侧发束弄蓬，缩短脸型长度。

发型重点

1. 两侧发束蓬松，颈间发束内凹服贴，美丽的菱形发廓线条可修饰脸部缺点。
2. 刘海遮饰窄额头，尽量将脸重心往下移。
3. 刘海与两侧发束都往斜拨，转移视线焦点。

菱形脸

菱形脸的人眉毛、下眼尾、嘴角全部都很利落，所以常感觉很严肃，可利用知性的发型和彩妆来增添柔美的感觉。

发型重点

1. 将厚重刘海斜拨垂散，利用下垂的线条遮饰眼睛上扬的缺点。
2. 两侧发束蓬松，将脸蛋重心往下移。
3. 柔美的波浪卷发缓和凶巴巴的感觉。

方脸型

方脸型的人眼睛和脸颊会有往下掉的视觉感，下嘴唇很厚，会给人倦态的感觉。将头顶发束抓蓬，脸型重心往上移，利用波浪卷发增添律动感。

发型重点

1. 头顶发束抓蓬，自然就可将脸型重心上移。
2. 厚厚的刘海让双眸更加炯炯有神。
3. 很有律动感的大波浪卷发让脸部表情更生动。

圆脸 ×A 字形发型优化脸型比例

Back

Side

适合头发长度

■ 长发
□ 中发
□ 短发

所需时间

□ 15 分钟
□ 10 分钟
■ 5 分钟

Hairdressing Tools

Step By Step

1 从耳际上方把梳理好的头发分为上下两部分，并用夹子夹好上半部分。

2 将下半部分的头发均匀地分为两份。

3 用卷发棒向外卷烫一侧的头发。

4 再梳理另一侧的头发进行卷烫。

5 从上半部分头发中取出一小部分的头发，同样分为两份。

6 将披散出的头发梳理整齐，分别取小股头发依次烫卷。

7 将剩余的头发全部披散开，并梳理整齐，分成数份头发向往卷烫。

8 用手轻轻拨散卷烫好的头发，将耳朵两侧的头发收到耳朵后方。

9 最后再戴上发带，调整好发型即可。

椭圆脸 × 内扣略凌乱发型弱化呆板感

Back

Side

适合头发长度

■ 长发
□ 中发
□ 短发

所需时间

□ 15 分钟
■ 10 分钟
□ 5 分钟

Hairdressing Tools

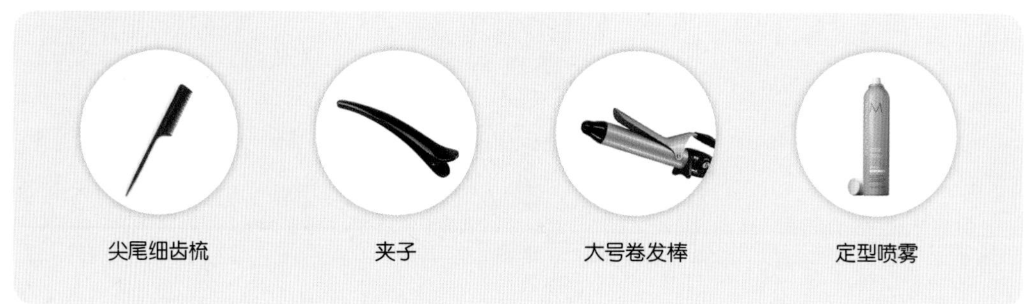

尖尾细齿梳　夹子　大号卷发棒　定型喷雾

Step By Step

1 轻轻地喷洒一层定型喷雾。

2 用大号卷发棒向内烫卷刘海。

3 用尖尾梳子将头发均匀地分为两部分。

4 用夹子将头发分区夹好，一共分为三区。

5 向外烫卷每一区的头发。

6 另一侧的头发同样均匀分地为三区。

7 同样向外烫卷。

8 然后用手轻轻地拨散头发，使其更加凌乱自然。

9 再带上搭配好的发饰，发型就完成了。

倒三角脸 × 亲和内卷化解犀利感

Back

Side

适合头发长度

- ■ 长发
- □ 中发
- □ 短发

所需时间

- □ 15 分钟
- □ 10 分钟
- ■ 5 分钟

Hairdressing Tools

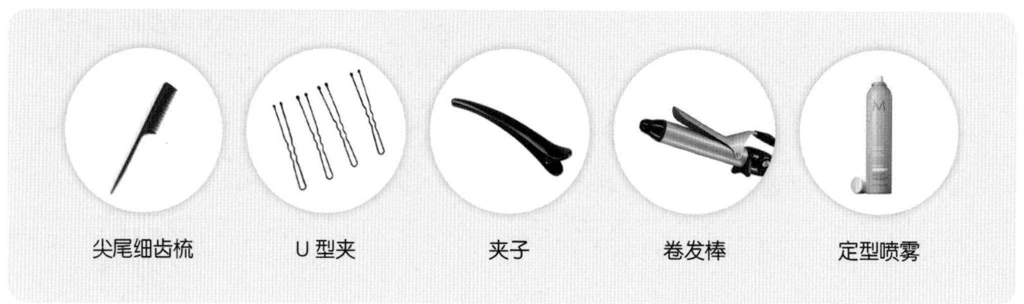

Step By Step

1
整理刘海，用卷发棒将其发尾烫卷。

2
将刘海扎起，然后将其余的头发分区卷曲。

3
先向外烫卷。

4
再从发尾开始向内烫卷，使其更自然。

5
轻轻喷洒一次定型喷雾，使发型更稳定。

6
用尖尾梳向上轻轻梳理刘海。

7
拧转刘海，一直拧转至发尾。

8
一手抓住发尾的一缕头发，另一只手向上提拉。

9
最后再将发尾盘起并用 U 型夹固定即可。

长形脸 × 重心居中的发型有效平衡视觉感

适合头发长度

- □ 长发
- ■ 中发
- □ 短发

所需时间

- □ 15 分钟
- ■ 10 分钟
- □ 5 分钟

Hairdressing Tools

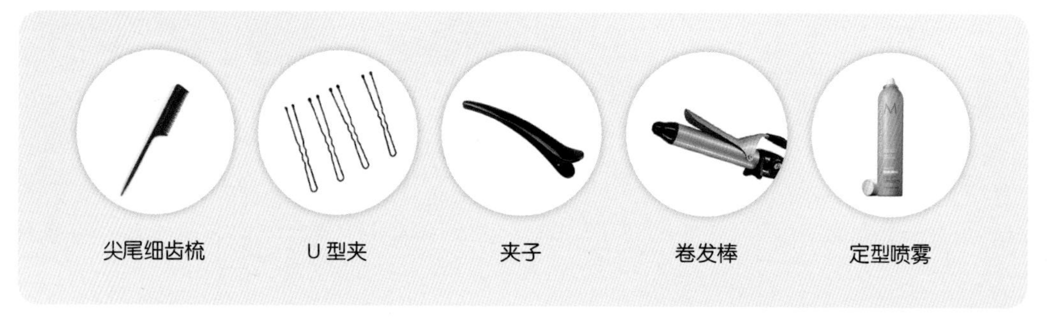

Step By Step

1 使用一次定型喷雾，使发型更加稳定。

2 从刘海开始向内卷曲头发。

3 用尖尾梳整理头发，将头发的上半部分夹起来。

4 卷发棒向外烫卷下部的头发。

5 两侧头发的卷曲度要平衡，卷曲的弧度相同。

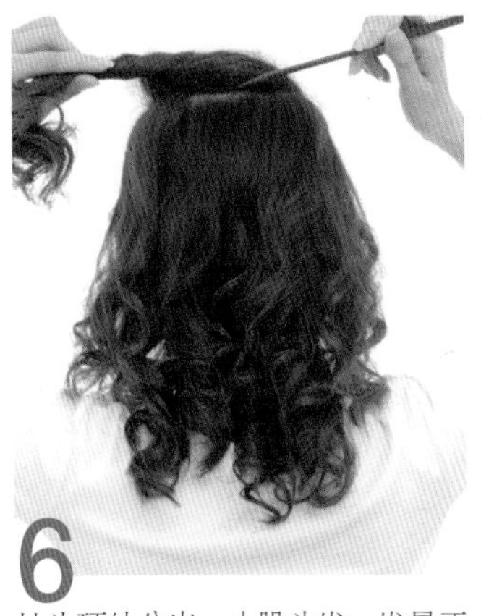

6 从头顶处分出一小股头发，发量不需太多，剩余的头发披散下来，并进行卷烫。

7 将这股头发编成三股辫即可。

8 编至头发中段时，用橡皮筋扎好。

9 在扎发辫的位置戴上精致的发夹即可。

菱形脸 × 中段强调蓬松度丰满脸颊加甜美

Back

Side

适合头发长度

- ■ 长发
- □ 中发
- □ 短发

所需时间

- ■ 15 分钟
- □ 10 分钟
- □ 5 分钟

Hairdressing Tools

U 型夹

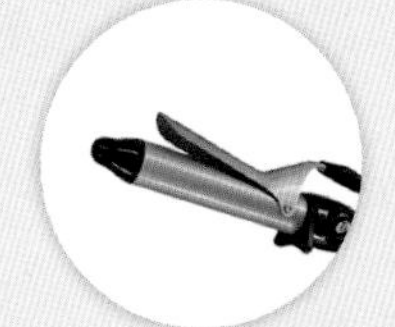

卷发棒

定型喷雾

Step By Step

1 将脸颊两侧的头发用卷发棒烫卷。

2 另一侧头发同样烫卷。

3 从一侧耳朵上方取一股头发，向另一侧耳朵编发辫。

4 编至发尾后绕圈盘起呈花苞状，并用U型夹固定。

5 然后带上搭配好的发饰，发尾可以略微倾斜。

6 将两鬓处的两股头发向后方绕，并相互交叉。

7 把交叉的头发拧转几次后用U型夹固定在头后方。

8 用手指轻轻拉扯发尾，使其更加蓬松。

9 喷洒定型喷雾，让发型更加稳固。

方形脸 × 多处柔美卷度弱化棱角感

Back

Side

适合头发长度

- ■ 长发
- □ 中发
- □ 短发

所需时间

- □ 15 分钟
- ■ 10 分钟
- □ 5 分钟

Hairdressing Tools

卷发棒

定型喷雾

Step By Step

1 将头顶部位的头发用卷发棒从发根烫卷。

2 将卷发棒靠近发根，加强头顶侧面的蓬松度。

3 开始烫卷头发，让卷发棒呈竖直状卷曲头发。

4 两鬓处的头发同样烫卷。

5 头顶处的头发稍微靠近发根再卷曲一次。

6 刘海向外卷曲，使其更加蓬松。

7 轻轻喷洒一次定型喷雾，加强稳固发尾。

8 用手轻轻提拉发尾，让发尾更加松散自然。

9 选择搭配好的发饰，戴上发饰即可。

CHAPTER 6

适合各种职业的定性发型

恰当的发型能够展现出不同职业的独特气质，
带亲和感的侧扎发适合新晋职员，
端庄的发髻则能体现出权威人士的气场，
活泼的垂鬓扎发非常适合销售以及场外人员。
根据职场选择发型更能够提升好运气！

侧分半盘发 ×
适合内务内勤人员的发型

Back

Side

适合头发长度

■ 长发
□ 中发
□ 短发

所需时间

■ 15 分钟
□ 10 分钟
□ 5 分钟

Hairdressing Tools

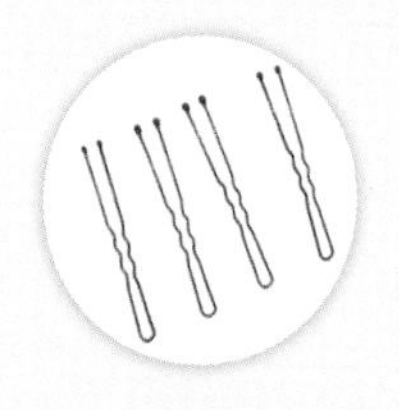

U 型夹

橡皮筋

定型喷雾

尖尾细齿梳

Step By Step

1

用尖尾将刘海侧分到一侧，梳理整齐。

2

取头顶处的一股头发开始编辫子。

3

编发过程中不断加入头发，编织加股辫，一直往下编发。

4

一直将辫子编至耳际线位置，用橡皮筋固定。

5

将编好的发辫稍微往上推，使其不那么服帖。

6

挑选一个精致端庄的发饰，将发尾的橡皮筋遮盖起来。

7

将侧分的刘海固定在耳朵后方，用U型夹固定刘海即可。

8

轻轻拉扯头顶位置的头发，使其辫子更加蓬松。

9

喷洒少许定型喷雾，让发型更加稳定。

端庄发髻 ×
适合中层以及权威人士的发型

Back

Side

适合头发长度

- ■ 长发
- □ 中发
- □ 短发

所需时间

- ■ 15 分钟
- □ 10 分钟
- □ 5 分钟

Hairdressing Tools

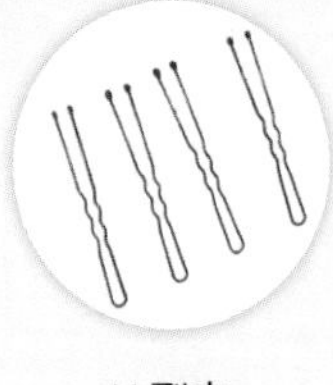

U 型夹

橡皮筋

尖尾细齿梳

Step By Step

1

用尖尾梳将头发分开，并梳理整齐。

2

先从右半部分的刘海中选择四小股头发从头顶开始编发辫。

3

每编一股发辫就加入少量的头发，让发辫充实起来。

4

编至后发际处即可。

5

另一边也按照同样的方式把四股辫编好，并留下发尾。

6

将两边剩下的发尾和起来编成一条四股辫。

7

编好后，用橡皮筋把头发扎好，以免散乱。

8

用两只手把编好的发辫拉松拉宽。

9

将发尾卷进发辫下方并且藏起来，用U型夹固定。

10

从下方开始，将编好的发辫稍微拉松，制造蓬松感。

11

靠近刘海的位置也要拉松，让它不那么服帖。

12

在发辫交汇处戴上一个与服装搭配的发饰即可。

活泼垂鬟扎发 ×
适合销售、外场人员的发型

Back

Side

适合头发长度

■ 长发
□ 中发
□ 短发

所需时间

■ 15 分钟
□ 10 分钟
□ 5 分钟

Hairdressing Tools

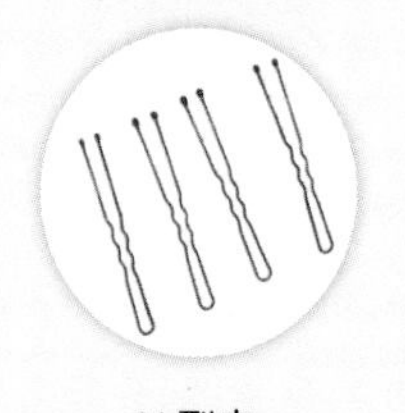

U 型夹

卷发棒

发蜡

橡皮筋

尖尾细齿梳

Step By Step

1 将刘海处的头发向后整理，用打毛梳将头发倒梳打毛。

2 将刘海留出一小段长度，然后拧转，并向前推动。

3 拧转好的头发用 U 型夹固定在头顶的一侧。

4 整理出两鬓处的头发，剩余披散的头发用橡皮筋扎成高马尾。

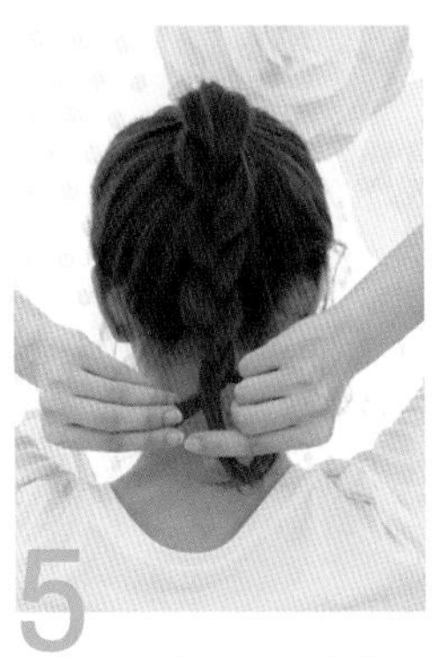

5 用梳子将马尾梳理整齐，分三份开始编辫子。

6 编至发尾时，一手抓住马尾底部最长的一缕头发，一手向上推拉马尾。

7 将马尾向上缠绕在固定马尾的位置。

8 用数个 U 型夹将盘好的马尾辫固定。

9 用尖尾梳的手柄轻轻地插入头发中，挑起底部头发打造蓬松感。

10 用卷发棒烫卷两鬓处的头发，让头发更自然。

11 用手轻轻拉扯头顶处的发根，使其更加饱满。

12 涂抹一些发蜡把碎发打理好即可。

优雅无痕低马尾 ×
适合授课人员及培训讲师的发型

Back

Side

适合头发长度

■ 长发
□ 中发
□ 短发

所需时间

■ 15 分钟
□ 10 分钟
□ 5 分钟

Hairdressing Tools

橡皮筋

发蜡

尖尾细齿梳

Step By Step

把一侧的头发分为前后部分，并且梳理整齐。

把分离出来的头发编成发辫，从头顶开始编。

另一侧的头发也同样分成前后两部分，梳理整齐。

把分离出来的头发编成发辫，从头顶开始编。

将发辫一直编至发尾，注意整理周围的碎发。

用橡皮筋固定发辫。

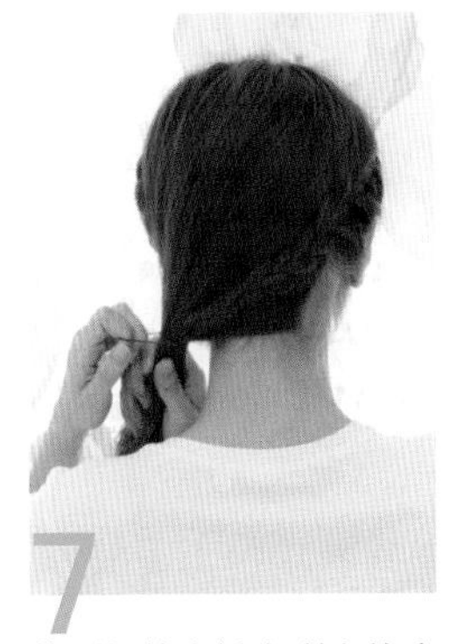

将两侧的发辫和剩余的头发会合在一起扎好。

从中间将头发分开一个空隙。

把发尾从空隙里穿出。

将穿出的马尾拉紧，并梳理整齐。

把马尾按照同一个方向缕成一个卷，并涂抹少许定型发蜡。

再用手稍微拉松头顶的发辫即可。

后翻盘发 ×
适合创意策划型职员的发型

Back

Side

适合头发长度

- ■ 长发
- ■ 中发
- □ 短发

所需时间

- ■ 15 分钟
- □ 10 分钟
- □ 5 分钟

Hairdressing Tools

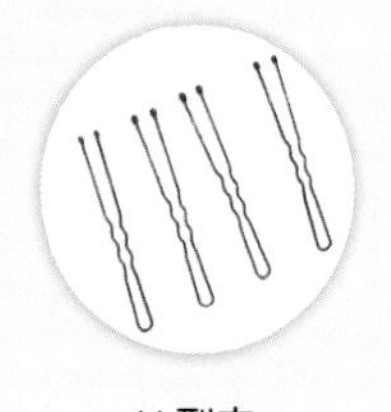

U 型夹

大号卷发棒

尖尾细齿梳

Step By Step

1 用尖尾梳从刘海处分出较多的发量。

2 将发尾进行拧转，不需拧转至发根处。

3 将拧转好的头发后翻盘起耳朵上方。

4 调整盘起的头发，根据发量决定圈数。

5 用U型夹固定好盘发。

6 选择一款简单的发带戴在刘海靠后的位置。

7 将一侧耳朵上方的头发分成两股拧转。

8 将拧转好的头发放到脑后方并固定。

9 另一侧同样取两股头发拧转。

10 将两次拧转好的头发一同扎好。

11 用大号的卷发棒烫卷两侧的头发。

12 将剩余的碎发都用卷发棒整理好。

内藏式发包 ×
适合职业女性的商务发型

Back

Side

适合头发长度

■ 长发
□ 中发
□ 短发

所需时间

■ 15 分钟
□ 10 分钟
□ 5 分钟

Hairdressing Tools

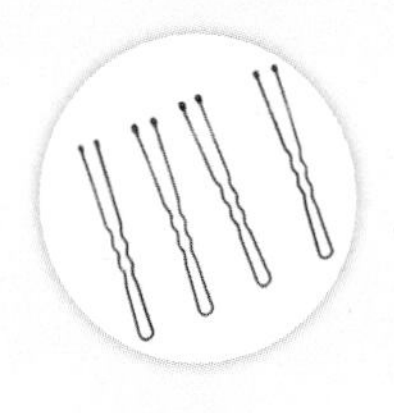

U 型夹

卷发棒

定型喷雾

尖尾细齿梳

Step By Step

1 从耳朵上方的位置开始，分理出部分的头发。

2 用梳子打理整齐，并进行倒梳打毛。

3 将头发在中间部位拧转上推，用U型夹固定。

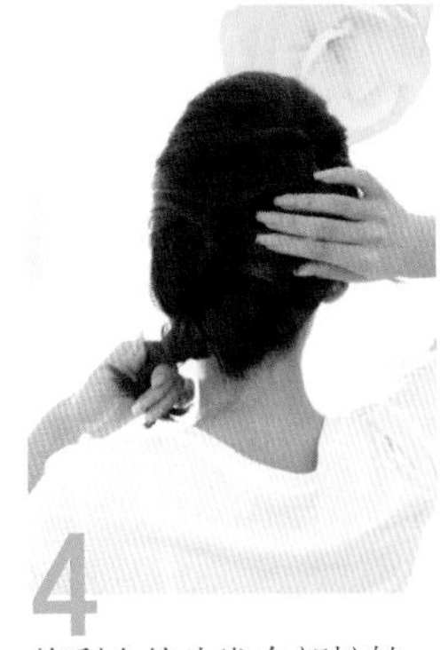
4 将剩余的头发全部拧转，注意碎发。

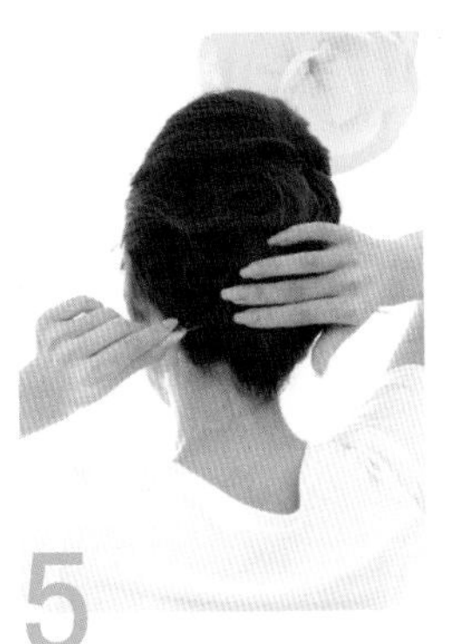
5 拧转至一侧耳后盘起，将发尾收入头发中固定好。

6 用尖尾梳的手柄轻轻挑起发根，增加蓬松感。

7 用卷发棒向外烫卷刘海。

8 一股一股地向外烫卷。

9 发包处的刘海同样分股烫卷。

10 将刘海的发尾用U型夹固定在耳朵上方。

11 对刘海使用定型喷雾，使其更加牢固。

12 戴上一款优雅端庄的发饰即可。

亲和侧扎发 ×
适合新晋职员及客户专员的发型

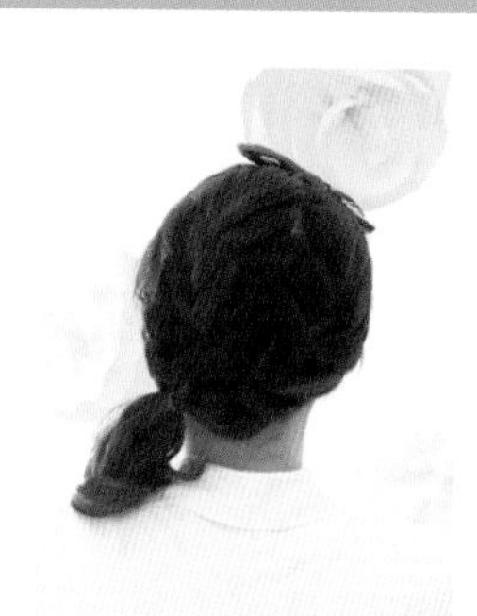

Back

Side

适合头发长度

■ 长发
□ 中发
□ 短发

所需时间

■ 15 分钟
□ 10 分钟
□ 5 分钟

Hairdressing Tools

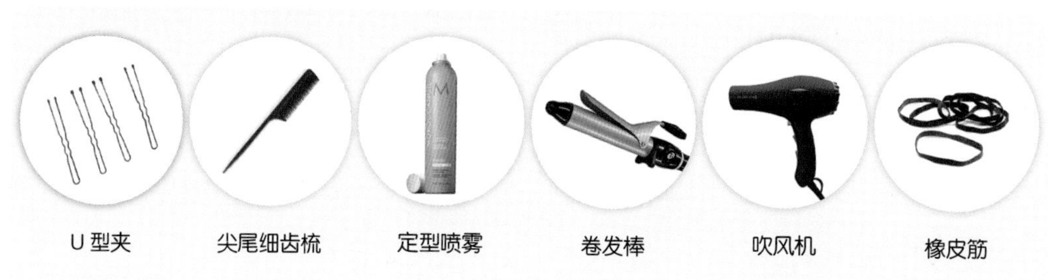

Step By Step

1 首先用卷发棒烫卷头发，使其卷曲自然以便造型。

2 喷洒一些定型喷雾，以方便之后的造型。

3 用吹风机轻吹刘海，使其柔和。

4 先戴上发饰，然后用尖尾梳将一侧头发分为上下部分。

5 将上半部分的头发编三股辫。

6 编到一半时用橡皮筋扎好。

7 调整发辫的位置，轻轻拉扯上端使其更加松散。

8 将剩余披散的头发进行编发，并加入前一股发辫剩余的头发。

9 编至耳朵后方的位置即可，不必编至发尾。

10 用橡皮筋将之后编的发辫扎好。

11 抽出其中一条橡皮筋，将两股发辫扎在一起。

12 再用U型夹固定好发根即可。

后高隆起半盘发 ×
适合接待及公关职位的发型

Back

Side

适合头发长度

- ■ 长发
- □ 中发
- □ 短发

所需时间

- ■ 15 分钟
- □ 10 分钟
- □ 5 分钟

Hairdressing Tools

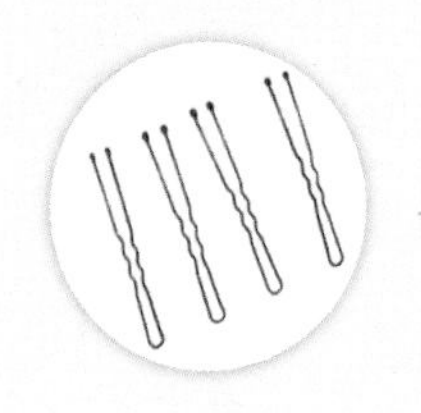

U 型夹

卷发棒

定型喷雾

橡皮筋

尖尾细齿梳

Step By Step

1 用卷发棒烫卷发尾，使头发更加自然。

2 在发尾处使用定型喷雾，让造型更持久。

3 用尖尾梳整理出刘海处的头发。

4 将刘海分成两股向一侧拧转。

5 拧转至耳后的位置，用U型夹固定。

6 将剩余的头发分成上下两部分。

7 将上半部分的头发拧转并向上推，用U型夹固定。

8 调整隆起的头发。

9 在U型夹的位置扎一个精美的发饰，增强美感。

10 用尖尾梳的手柄轻轻挑起发根，加强隆起的高度。

11 将剩余的头发分成两股，向一侧拧转至耳后。

12 将拧转的头发盘起扎在耳后即可。

CHAPTER 7

熟练运用主题发型
任何邀约都不怕

如果想要提升自己的美发技巧，
那么一定不能错过这些主题造型！
运用娴熟的技巧打造出完美利落的发型。
不管是编织元素、花苞元素还是旋涡元素，
都可以轻松打造出完美的场合主题发型！
做个美发达人，掌控自己每一天的造型。

编织元素 ×
让人目不转睛的洛可可式复古编发

Back

Side

适合头发长度

- ■ 长发
- □ 中发
- □ 短发

所需时间

- ■ 15 分钟
- □ 10 分钟
- □ 5 分钟

Hairdressing Tools

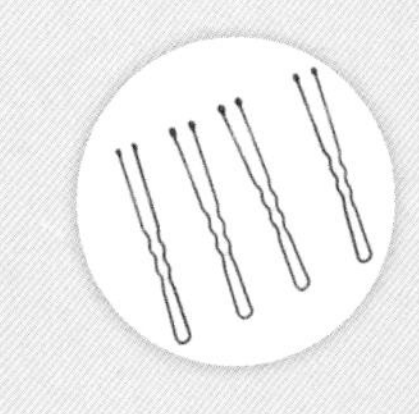

U 型夹

橡皮筋

尖尾细齿梳

Step By Step

1 分出刘海处的一小股头发，编发辫。

2 编至发尾后，盘起固定在额头上部。

3 从刘海后侧取一小股头发，同样编发辫。

4 编好后盘起，用U型夹固定在刘海处。

5 在耳朵上方的位置取一股头发，编发辫。

6 将编好的发辫拧转盘起，用U型夹固定。

7 从另一侧耳朵上方取一股头发梳理整齐。

8 将头发编成三股辫。

9 一直编至发尾处，用橡皮筋固定。

Step By Step

10 再从对侧耳后的位置取一股头发梳理整齐。

11 同样编成三股辫。

12 用橡皮筋固定。

13 接着将一侧的发辫平行绕在头后。

14 用 U 型夹将绕好的头发固定。

15 再将另一侧的发辫同样绕至头后。

16 用 U 型夹固定。

17 将剩余的头发分成均匀的两部分。

18 将其中一份头发编发辫，用橡皮筋固定。

Step By Step

19

将编好的发辫盘起固定在一侧耳朵下方。

20

将最后一份头发编发辫。

21

同样使用编三股辫的方法。

22

用橡皮筋将发尾收起，将碎发收进发辫中扎牢。

23

把发辫盘在另一侧耳朵下方。

24

戴上精美的发饰，发型就完成了。

花苞元素 ×
让灿烂的花朵在发间肆意盛开

Back

Side

适合头发长度

- ■ 长发
- □ 中发
- □ 短发

所需时间

- ■ 15 分钟
- □ 10 分钟
- □ 5 分钟

Hairdressing Tools

Step By Step

1 将头发梳理到同一侧，并梳理整齐。

2 将头发分成上下两部分，上部分用夹子固定。

3 用卷发棒轻轻烫卷发尾，使发尾微微弯曲。

4 另一侧发尾同样烫卷。

5 整理出刘海处的头发。

6 用橡皮筋将刘海处的头发扎牢。

7 将扎好的头发从中间分出空隙。

8 将发尾从空隙中穿过，拉扯好发尾。

9 在拉扯出的发尾上再扎一个橡皮筋。

Step By Step

10
橡皮筋不必扎得太牢固，使其有一定空隙。

11
将发尾向上绕至头顶。

12
将发尾整齐地绕在头顶。

13
用 U 型夹将绕好的头发固定。

14
用尖尾梳整理出耳朵上方的头发。

15
用橡皮筋扎好。

16
将所有的头发较为均匀地分成四份，分别编发辫。

17
将编好的发辫用橡皮筋扎好。

18
继续将剩余的头发编发辫。

Step By Step

19 将最后的头发同样编成三股辫。

20 编至发尾后，用橡皮筋扎好。

21 将编好的四束发辫整理到同一侧。

22 将辫子整体绕圈盘起在头后。

23 用 U 型夹固定住盘好的头发。

24 再戴上精美的发饰，发型就完成了。

蝴蝶结元素 ×
用自己的头发做可爱的蝴蝶结

Back

Side

适合头发长度

- ■ 长发
- □ 中发
- □ 短发

所需时间

- ■ 15 分钟
- □ 10 分钟
- □ 5 分钟

Hairdressing Tools

Step By Step

1 用尖尾梳整理出刘海，使线条清晰。

2 用卷发棒轻轻向内烫卷刘海。

3 用梳子将烫好的刘海梳理整齐。

4 用尖尾梳将剩余的头发倾斜地分成上下两部分。

5 将上部分的头发梳理整齐。

6 用橡皮筋扎在头顶一侧。

7 把扎好的头发较为均匀地分成两份。

8 用细齿梳对发尾进行轻轻的倒梳打毛。

9 取一半头发，拧转至中部。

Step By Step

10 将这束头发翻转并绕在橡皮筋上，使其呈蝴蝶结状。

11 用U型夹固定。

12 再梳理另一半的头发，用梳子进行倒梳打毛。

13 用双手握住头发的中部和发尾。

14 同样拧转打造另一半蝴蝶结。

15 调整好蝴蝶结的位置，用U型夹固定。

16 为了使蝴蝶结更立体，可从侧面用U型夹固定。

17 将发尾的部分向前放置于两侧蝴蝶结中央。

18 用U型夹固定好发尾处的头发。

Step By Step

19 使用多个 U 型夹固定，使其更加牢固。

20 戴上适合的发饰，遮住 U 型夹。

21 用定型喷雾喷洒余下的散发，用手打开散发。

22 用梳子梳理整齐。

23 用卷发棒向内烫卷发尾。

24 在发尾处涂一层发蜡，用手轻轻托起，使造型更加稳固。

复古元素 ×
盘发和编发的结合一点点就对味

Back

Side

适合头发长度

- ■ 长发
- □ 中发
- □ 短发

所需时间

- ■ 15 分钟
- □ 10 分钟
- □ 5 分钟

Hairdressing Tools

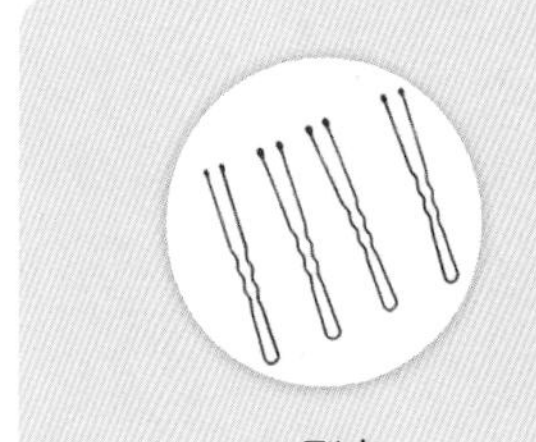

U 型夹

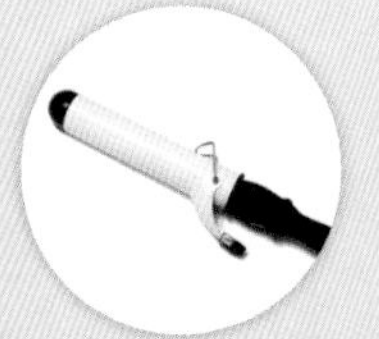

卷发棒

尖尾细齿梳

橡皮筋

Step By Step

1

首先用卷发棒将刘海处的头发进行烫卷。

2

将刘海处的头发分成两份。

3

将两份刘海向内卷曲，并用 U 型夹固定好。

4

喷上定型喷雾，定型整个刘海。

5

在靠近刘海处取一股头发，将其拧成麻花状。

6

将拧好的头发绕至头顶处。

7

用 U 型夹把拧好的头发固定在头顶。

8

从另一侧同样取出一股头发，拧成麻花状。

9

同样将拧好的头发绕至头顶处。

Step By Step

10 用U型夹将拧好的头发固定在头顶。

11 在头顶侧上方取一股头发。

12 将取出的头发分成三股编成辫子。

13 编好的辫子用橡皮筋扎好发尾。

14 将辫子绕住之前的扎发并固定在头顶。

15 轻轻地拉扯辫子，使其更加松散自然。

16 从耳朵后方再取一股头发。

17 将取出的头发分成两股，拧成麻花状。

18 拧好的头发用橡皮筋扎好发尾。

Step By Step

19 将辫子绕至另一侧耳朵后方并用一字夹固定好。

20 将剩余的头发全部拨至左侧肩膀并拧转。

21 把头发拧转好后向上绕圈盘起。

22 将盘好的头发用 U 型夹固定好，再将发尾的碎发整理好。

23 戴上发饰，调整发饰位置，将所有编发拨至发饰后。

24 将发饰拧转固定成型，完成编发。

朋克元素 × 难掩魅力的蓬松刘海

Back

Side

适合头发长度

- ■ 长发
- □ 中发
- □ 短发

所需时间

- ■ 15 分钟
- □ 10 分钟
- □ 5 分钟

Hairdressing Tools

Step By Step

1 从耳际上方把头发分为上下两部分，并用夹子固定上半部分。

2 将下半部分的头发均匀分为两份。

3 将一侧头发编成辫子，并用橡皮筋扎好发尾。

4 重复上一步骤将另一侧头发编好扎好。

5 再将上半部分的头发分成三份，分别用夹子固定。

6 用橡皮筋扎马尾，但不将马尾全部抽出，保留成圈状。

7 左侧的头发使用同样的方法扎好。

8 右侧的头发使用同样的方法扎好。

9 用一字夹将中间的圈状发尾固定住。

Step By Step

10 用U型夹将左侧的马尾圈与中间的马尾圈固定在一起。

11 同样手法固定住右侧马尾圈。

12 将左侧的辫子绕至头顶。

13 用辫子压住发尾，并用U型夹固定好。

14 再把右侧的辫子同样绕至头顶。

15 同样用辫子压住发尾，用一字夹固定。

16 用卷发棒依次将马尾圈下的头发烫卷。

17 烫卷马尾圈时注意均匀发量，保证每一个卷度适中。

18 不要漏掉侧面的头发，保证每一股头发都烫到。

Step By Step

19
用梳子打蓬卷好的头发，使其蓬松。

20
将刘海处的头发向中间调整，并用 U 型夹固定。

21
同样使用 U 型夹固定住两侧头发，使其聚拢。

22
轻轻拉扯头顶的发丝，使其自然蓬松。

23
整理好发型后，将发饰戴在刘海后的位置，为了防止脱落用 U 型夹固定。

24
喷上定型喷雾，完成整个造型。

编发元素 × 多种编辫手法结合打造复古美感

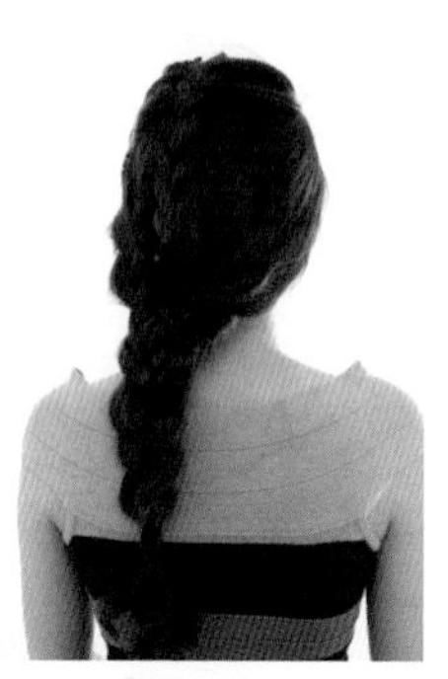

Back

Side

适合头发长度

■ 长发
□ 中发
□ 短发

所需时间

■ 15 分钟
□ 10 分钟
□ 5 分钟

Hairdressing Tools

Step By Step

1 用尖尾梳将刘海梳理整齐。

2 用自粘发卷向内卷曲刘海。

3 用吹风机轻吹刘海以增强定型。

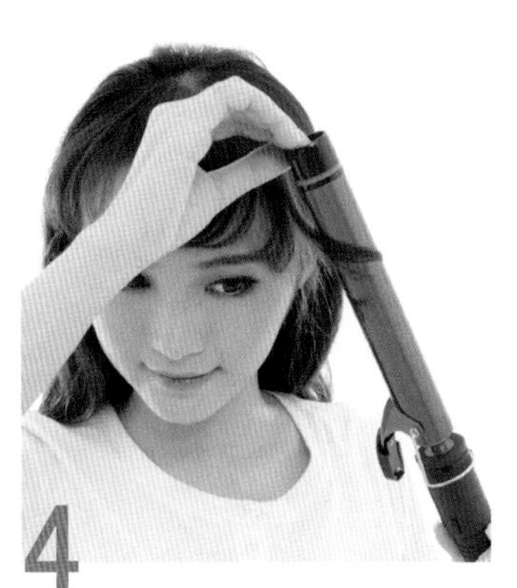

4 用卷发棒烫卷刘海侧边的头发。

5 另一侧也同样烫卷。

6 将头发分成上下两部分，上部分用夹子固定。

7 用卷发棒烫卷下半部头发的发尾。

8 后侧头发的发尾向内卷曲。

9 如果头发不易烫卷，就反复卷发。

Step By Step

10
在右耳上方取一小股头发进行三股辫编发。

11
编至距发尾剩余一段长度时，用橡皮筋固定。

12
将上半部分头发进行三股辫编发。

13
也同样剩余一小段距离时，用橡皮筋扎好。

14
将发饰直接戴在头顶上，遮住头发分界处。

15
剩余的散发拨至左肩。

16
将头发分成四份，编成四股辫。

17
按照四股辫的编制方法进行编辫子。

18
如果不熟悉四股辫的编法，也可以编成三股辫。

Step By Step

19

编至发尾后，用橡皮筋扎好。

20

再将之前的两股发辫加入到最后的发辫中。

21

用小夹子把三股辫子固定在一起，先将一股发辫固定在最后的发辫上。

22

接着再将另外一股发辫固定在最后的发辫上。

23

用 U 型夹将三股发辫的相接处固定好。

24

最后再整理一下发尾处的碎发即可。

嘻哈元素 × 释放电力和热力的改良式雷鬼头

Back

Side

适合头发长度

- ■ 长发
- □ 中发
- □ 短发

所需时间

- ■ 15 分钟
- □ 10 分钟
- □ 5 分钟

Hairdressing Tools

U 型夹　卷发棒　定型喷雾　夹子　尖尾细齿梳

Step By Step

1 将头发偏分。

2 用尖尾梳分出头顶部分的头发并用夹子夹好。

3 将披散的头发用卷发棒向内烫卷。

4 靠近发鬓处的头发同样需要烫卷。

5 将之前夹好的头发放下后，将头发拨到较多的一侧，喷洒定型喷雾。

6 将较少一侧的头发，从耳朵上方开始分成上、中、下三部分。

7 将头发分成较为均匀的两份。

8 将这两股头发拧转。

9 一边拧转一边稍微拉紧头发，使其紧贴头皮。

Step By Step

10
拧转一小段后加入第三股头发继续拧转。

11
再拧转一小段距离后，用 U 型夹固定在脑后。

12
用尖尾梳将拧转发辫下方的头发均匀地分成上下两份。

13
将中间的一股头发同样分为两份。

14
将两股头发直线拧转。

15
拧转一段后加入第三股头发继续拧转。

16
不需拧转过长。

17
同样用 U 型夹将拧转好的头发固定在上一股发辫下方。

18
把最下端的头发均匀地分成两份，用手轻轻拉直。

Step By Step

向头发较多的一侧拧转。

拧转了一段长度后，用 U 型夹固定在上一股拧头发下方。

接着用尖尾梳将刘海分层，用夹子固定上层。

用梳子梳理刘海处的头发，使其更加通顺。

用卷发棒分别向外烫卷刘海的上下两部分。

别上具有嘻哈气质的发饰即可。

漩涡元素 × 瞬间打造独一无二的女王气质

适合头发长度

- ■ 长发
- □ 中发
- □ 短发

所需时间

- ■ 15 分钟
- □ 10 分钟
- □ 5 分钟

Hairdressing Tools

Step By Step

1
用尖尾梳将刘海梳理整齐。

2
梳理出刘海右侧的一股头发，然后梳理整齐。

3
将这股头发用手拧转，一直拧转至发根。

4
将发根拱起呈圈状,并用U型夹固定。

5
从左耳上方的位置梳理出一小股头发。

6
将这股头发绕上头顶拧转，不需拧转至发尾。

7
用 U 型夹将拧转好的头发固定。

8
在刚刚拧转的头发下方梳理出一股头发。

9
用同样的方法将这股头发拧转。

Step By Step

将这股头发同样用 U 型夹固定。

依次往下，继续用梳子整理出一股头发。

同样将其拧转，注意整理好碎发。

用 U 型夹固定拧转的头发。

从右耳上方的位置取一股头发，分成两份拧转。

拧转好之后，再向上拧转并盘起。

用 U 型夹固定。

调整盘发的位置。

再从右耳上方的位置取最后一部分头发拧转。

Step By Step

19

将头发拧转并打结呈半个蝴蝶结状。

20

再把打结的头发盘在耳朵上方。

21

用 U 型夹将盘好的头发固定。

22

将剩余的所有头发拧转并打结呈半个蝴蝶结状。

23

将拧转盘好的头发固定在耳朵后下方。

24

最后将发饰戴上即可。

印第安元素 × 塑造流浪气质的民族风发型

Back

Side

适合头发长度

- ■ 长发
- □ 中发
- □ 短发

所需时间

- ■ 15 分钟
- □ 10 分钟
- □ 5 分钟

Hairdressing Tools

U 型夹

尖尾细齿梳

橡皮筋

按摩梳

发饰

Step By Step

1

将头发梳理整齐。

2

用尖尾梳理出刘海部分的头发。

3

从刘海处编三股辫，每编一股加入一些头发。

4

编至距离发尾还有较长一段距离时用橡皮筋扎好。

5

用U型夹将编发固定在耳后。

6

在右侧头顶的位置用尖尾梳整理出一小股头发。

7

将头发编成三股辫。

8

编至距离发尾还有一段距离时用橡皮筋扎好。

9

用尖尾梳将右耳上方的头发全部整理成一股头发。

10

将这股头发编成三股辫。

11

编至距离发尾还有一段距离时用橡皮筋扎好。

12

从剩余的左侧头发中，取出靠后侧的一缕头发。

Step By Step

13 将这缕头发编成三股辫。

14 编至距离发尾还有一段距离时用橡皮筋扎好。

15 在靠前的位置整理出一缕头发。

16 同样将这缕头发编成三股辫。

17 编至靠近发尾处时用橡皮筋扎好。

18 在左耳上方的位置梳理出一缕头发。

19 将这缕头发从发根处开始编成三股辫。

20 一直编至靠近发尾的位置。

21 用橡皮筋固定。

22 将编好的辫子从额头前绕过。

23 将其固定在右耳后。

24 戴上具有印第安风格的发饰即可。